乡村振兴典型案例

全国农业社会化服务典型

（2021年）

农业农村部农村合作经济指导司　编

中国农业出版社
北　京

图书在版编目（CIP）数据

全国农业社会化服务典型．2021年/农业农村部农村合作经济指导司编．—北京：中国农业出版社，2022.1

ISBN 978-7-109-29094-5

Ⅰ.①全…　Ⅱ.①农…　Ⅲ.①农业社会化服务体系–案例–中国　Ⅳ.①F326.6

中国版本图书馆CIP数据核字（2022）第005293号

全国农业社会化服务典型（2021年）
QUANGUO NONGYE SHEHUIHUA FUWU DIANXING（2021NIAN）

中国农业出版社出版
地址：北京市朝阳区麦子店街18号楼
邮编：100125
责任编辑：周益平　李海锋
版式设计：杜　然　责任校对：吴丽婷
印刷：北京通州皇家印刷厂
版次：2022年1月第1版
印次：2022年1月北京第1次印刷
发行：新华书店北京发行所
开本：787mm×1092mm　1/16
印张：8.75
字数：160千字
定价：56.00元

前言

　　发展农业社会化服务，是实现小农户和现代农业有机衔接的基本途径和主要机制，是激发农民生产积极性、发展农业生产力的重要经营方式，已成为构建现代农业经营体系、转变农业发展方式、加快推进农业现代化的重大战略举措。党中央、国务院高度重视农业社会化服务发展。习近平总书记多次作出重要指示，党的十九大、十九届五中全会以及连续多年的中央1号文件也都提出了明确要求。各地深入贯彻党中央、国务院关于发展农业社会化服务的决策部署，加强引导推动，在服务主体培育、服务模式创新、服务领域拓展、服务资源整合等方面探索出了一批各具特色、行之有效的典型模式和机制。为贯彻落实《农业农村部关于加快发展农业社会化服务的指导意见》要求，进一步发挥典型示范引领作用，我们在组织各地推荐的基础上，择优遴选确定了30个全国农业社会化服务典型。

　　这些典型涵盖带动小农户发展、发挥村集体组织优势、创新服务机制、推进资源整合、强化项目推动、助推产业发展、金融保险助力等7个方面，典型主体既有专业服务公司、农民合作社、农村集体经济组织等多元化服务组织，也有地方政府或农业农村部门，还有金融保险机构；服务领域既突出了以粮食作物为主，又兼顾果菜茶、中药材和其它经济作物；服务环节既聚焦农业生产的关键薄弱点，又在贯通全产业链服务上有创新、有突破。这些典型特点鲜明、形式多样、富有新意、成效明显，可复制、易推广，具有很好的代表性，对各地加快发展农业社会化服务，促进农业节本增效和农民增产增收，推进小农户和现代农业有机衔接等具有显著的示范引导作用。现将30个全国农业社会化服务典型材料结集出版，供各地学习借鉴和推广应用。

农业农村部农村合作经济指导司

2021年11月

目录

前言

一、带动小农户发展

吉林省榆树市大川机械种植专业合作社
创新全程托管模式　带动村民共同致富

农机条播整地作业

吉林省榆树市大川机械种植专业合作社成立于2011年，是全市最早进行生产托管的合作社，也是目前托管面积最大的合作社。合作社早期规模和效益一直难以突破瓶颈，通过健全合作社组织机构，提高软硬件实力，在全市率先实行"统种统收分管"模式，生产托管业务日臻完善，带动了村民共同增收致富。同时，合作社不断优化业务范围，逐步拓展服务领域，形成集生产托管和产前产后各项服务供给于一体的综合型社会化服务主体。目前，合作社共托管131户农户的5 505亩[*]耕地，实现粮食增产超31万千克，助农增收62万余元。

---

　*　亩为非法定计量单位，1亩=1/15公顷。

一、统种统收分管，创新服务模式

为摆脱早期受资金、机械、人员、管理等方面因素的制约，规模经营土地面积难以突破750亩的困境，大川机械种植专业合作社创新采用土地"统种统收分管"模式，对签订生产托管合同的农户提供全程托管服务，通过发挥合作社资金优势、机械优势、管理优势、技术优势，降低农户生产成本，提高粮食产量。

一是"统种"模式。统一安排采购化肥、种子、农药等生产资料，统一提供种、管、收和烘干等机械服务，合作社承诺生产资料以低于市场价格购进，使用机械服务费用结算过程中同比让利。合作社全程服务费为40元/亩，农户也可选择仅租用农机具进行播种，合作社收费为20元/亩，相较于农户分散经营，节本增效显著。

二是"统收"模式。为克服卖粮难问题，大川机械种植专业合作社为托管农户提供"统收"服务，粮食由合作社统一收回，统一烘干，统一外销，相较于农户自行销售，增收效应明显。

三是"分管"模式。在"统种"模式下，合作社主要负责机械化的春耕播种、秋季收获等环节，劳动力依赖度较高的田间管理环节则由农户自己负责，同时农户也协助病虫害防控，如发现病虫害及时通知合作社打药、适时收割等事宜。

二、完善服务手段，保障农户权益

在"统种统收分管"模式下，为充分保障农户权益，大川机械种植专业合作社通过节本增效、携手管理和风险共担等手段，实现合作社与农户间的互利共赢。

一是节本增效，合作社与农户利益兼顾。大川机械种植专业合作社统一提供农资和机械服务，降低各环节生产成本，同时由农户参与监管，降低成本。托管后农户土地耕作成本亩均降低130元左右，同时实现玉米产量亩均增长约200千克。

二是携手管理，合作社与农户权利共享。 合作社在运营中，只收取服务费，土地承包经营权和土地的剩余利益依然归小农户所有，在解放劳动力、缓解小农户劳动强度的基础上，满足了小农户对土地管理的参与意愿。

三是风险分担，合作社与农户互利共赢。 在财务风险分担方面，大型农机具由合作社投资购买，减少小农户的投资支出，小农户的服务费用先由合作社垫付，等到年末粮食销售之后再由农户支付给合作社，降低了小农户的财务风险。在经营风险方面，"分管"模式有效降低了合作社与农户的经营风险，发挥了合作社规模化、科学化、机械化经营与小农户精细化管理的双重优势。在市场风险方面，一方面小农户可以在农资采购和机械服务方面享受优惠价格，另一方面，小农户可以在农产品销售方面获得比当地市场价格更高的销售收益。通过上述举措，有效克服了小农经济的不足，推动了小农户与合作社互惠互利、共同发展。

三、加强软硬件建设，提升服务能力

大川机械种植专业合作社理事会将托管服务能力的提升作为办好合作社

合作社农业机械展示

的根本。通过对合作社服务人员的素质能力进行培训，以及新机械装备的引进，合作社软硬件建设不断夯实，托管服务能力稳步提升。

一是注重合作社服务人员素质提升。由合作社出资，派出理事会成员参加各级业务学习和理论研修班，提升服务管理能力。同时，注重服务人员技能培训，通过制定农业科技和机械操作能力与工资奖金挂钩政策，激发服务人员学习技能的积极性、创造性，提升服务水平。在激励政策的鼓舞下，合作社员工坚持参训学习和业余自学，提高自身业务素质水平，为合作社创造了更多价值。

二是加强服务装备引进。2015年以来，大川机械种植专业合作社先后引进大型播种机和收割机25台（套）。其中包括：播种机15台，无人植保飞机3台，深松机3台，喷杆式高空喷药机2台，智能土壤养分速测仪1台，农机固定资产总值达1 000万元，进一步提升了机械服务能力。同时，合作社结合实际，自主研发了节本增效播撒农药的适用机器，增强了专业服务能力。

安徽省黟县有农优质粮油生产联合体
探索农业生产托管新模式
引领山区小农户迈向现代大农业

田川分社成立大会

安徽省黟县位于皖南山区，是典型的山区农业县，全县总面积857平方千米，总人口9.47万人。2016年，围绕解决"山区种粮如何实现规模化效益，如何打造产业链带动小农户"等山区农业发展的难题，黟县有农生态科技公司联合3家农业龙头企业、1家粮油联合社、6家专业合作社、21家家庭农场共同组成黟县有农优质粮油生产联合体，探索形成了"公司+合作社+村集体经济组织+农户"的全托管服务模式，成功引领山区小农生产加速进入现代农业发展轨道。

探索农业生产托管新模式　引领山区小农户迈向现代大农业

一、创新多种托管服务模式

有农优质粮油生产联合体因地制宜，充分发挥各自优势，形成了多种托管服务模式。

一是探索融合发展"联合体"模式。有农优质粮油生产联合体分工明确，有农生态农业有限公司负责提供加工、销售、金融、保险等服务；有农科技公司负责全程追溯、质量检测、大田物联网、无人机等科技攻关和服务；农友种植合作社和有农农机合作社负责服务基地建设，提供从育秧到烘干仓储的全程机械化服务。服务覆盖产前农资供应、产中农机作业及产后销售加工等，实行"统一生产资料供应、统一种植安排、统一机械化服务、统一收购、统一品牌销售"的全产业链服务，满足了不同经营主体和农户对社会化服务的需求。

二是建设示范基地，打造服务样板的"屏山模式"。公司与宏村镇屏山村签订合同，整村流转农户水田 1 270 亩种植优质生态粮油，按照"优质、高产、高效、生态、安全"发展的要求，实行统一作业标准，打造优质品牌生产托管示范基地。通过托管示范，推广新技术、新作物品种，实行标准化种植，让农户真正了解规模化托管服务的好处，引导周边农户接受托管服务。

三是实行整村托管，建立全程服务的"碧山模式"。碧阳镇碧山村以村集体名义与黟县徽黄旅游发展公司联合成立徽黄农业开发有限公司，将该村土地统一经营，再与有农公司签订农业生产全程托管协议，有农公司统一采购生产资料，提供从育秧耕种到烘干销售的全流程服务。村集体安排专人负责田间管理，有农公司按高于国家收购价回购农产品。

四是创新服务机制，推进土地入股的"田川模式"。碧阳镇田川村与有农公司合作成立黟县农友种植专业合作社田川分社，村集体将农户土地集中入股公司，公司提供从农资供应、耕种、植保、收割、收储、烘干到销售全程配套服务。入股农户采取"保底＋分红"的模式，实现稳定受益，一般确定"每股400元保底＋分红"的收益方式。

7

二、强化托管服务保障

有农优质粮油生产联合体从服务效率、服务技术、服务队伍等多方面着手，不断强化托管服务保障。

一是抓服务效率。采取工厂化育秧模式，实现公司7 000余亩基地和1.4万亩联合体的秧苗统一供应；成立黟县有农农机专业服务合作社，组建全程机械化服务队，提供全流程、专业化、机械化服务，除水利灌溉等少数环节需要少量具有农事经验的老农把关外，其他流程均由农机手操作。

二是抓服务技术攻关。投资2 000万元成立有农科技公司，自主研发多用途农林植保无人机，为公司和产业联合体成员提供植保服务。推广应用大田农业物联网技术，在公司基地布设球型监控探头23个，实现育秧管理、田间作业的实时监控。与安徽省农业科学院合作，完成公司7 000余亩基地测土配方，并启动测土配方肥料厂建设。成功试用油菜毯状育苗机械化移栽技术，有效提高油菜种植生产效率。

三是抓服务队伍建设。公司创建职业农民培训基地，广泛开展农业机械化操作培训，建立专业服务人才队伍。年培训黟县大型农机操作手100余人

农机插秧作业

次，连续4年举办"徽州百工"农机职业技能大赛。

通过模式创新、服务创新，安徽省黟县的农业生产托管服务取得了显著成效。**一是达到多赢效果**。目前，有农优质粮油生产联合体提供托管服务面积达2万余亩，辐射带动农户近7 000户，实现了山区粮油种植全程机械化，形成粮油生产"种植、加工、销售"全产业链式服务体系。目前，"屏山模式"已带动周边龙江、塔川、横岗等6个行政村的1 491户农户接受专业化的托管服务；"碧山模式"已实现全程托管土地2 170亩，参与农户527户，其中建档立卡贫困户27户；"田川模式"已在全县6个村全面推开，成立专业合作社分社6个，入股土地达2 000余亩，成功带动6个村集体、756户农户增产增收，其中建档立卡贫困户200户。**二是节本增效显著**。在农资采购上，农资公司直接采购，节约成本20%以上。在种植环节上，以水稻种植为例，托管前每亩水稻种植成本为1 120元，托管后为860元，节约成本260元；托管前每亩收入1 380元，托管后优质水稻每亩收入1 480元，增收100元。2020年，有农农机合作社提供的水稻全托管服务面积超过1万亩，多环节托管服务面积15 000余亩，油菜托管服务面积4 000余亩，仅聘用100余名农民常年劳作，人均负责180多亩，大大减少了农业生产用工成本。在销售环节上，联合体内成员生产的合格稻谷按高于国家收购价0.2元/千克的价格回购，打通线上线下销售渠道，与中国石化集团公司、中国石油天然气集团有限公司、大型超市合作，成功进驻省内200多家连锁超市门店，实现市域重点旅游干线、省内重点城市产品销售"全上架"。2020年，回购联合体成员稻谷80吨，有农胚芽米等产品实现销量5 000吨，销售额超4 000万元，每千克市场零售价超同类产品约40%。

海南省雷丰芒果农民专业合作社
以技术托管为依托
带动农户开展芒果标准化生产

农业技术培训

　　海南省雷丰芒果农民专业合作社（以下简称雷丰合作社）成立于2007年10月，是一家专注从事技术托管服务的合作社。雷丰合作社成立了由13位国内外专家和22位专业人员组成的农业技术服务队伍，与有关科研机构合作，在全省芒果产区建立18个驻点服务站、120个芒果监测点，为芒果全过程标准化种植管理提供技术托管服务。建社十多年来，合作社以带动小农户发展芒果产业和脱贫致富为主攻方向，以提供芒果标准化种植技术服务为主要内容，以提高产品品质、打造海南芒果品牌为重点目标，构建了完整的芒果绿色种植服务体系。

一、加强能力建设，为提供标准化服务夯实基础

自成立以来，雷丰合作社加强科学研究和实践管理，不断提升技术水平和服务能力。合作社有自主知识产权的芒果生产新方法发明专利1项，芒果生产技术著作版权4项，海南省质量技术监督局归口授权发布的芒果生产企业标准17项，5项产品追溯制度，并连续10年通过全球良好农业操作规范（GAP）、绿色食品认证。合作社承担了农业农村部芒果标准化示范园、国家芒果生产标准化示范区、海南省现代农业产业园建设项目，建有农民文化技能学校、袁隆平院士实验站、农业研究所（实验室）等，为芒果种植户提供全产业链技术托管服务。

二、积极探索实践，构建"线上线下"社会化服务平台

一方面，建立完善信息化推广服务网络，构建线上服务平台。通过"钉钉"管理系统，抖音、微信视频号等自媒体，推广芒果标准化生产技术。**另一方面，在全省设立4家分社、20处标准化技术服务站，建立健全线下服务平台。**服务团队制订芒果全生育期营养方案，技术人员每隔7～10天深入田间地头，全程为农户提供技术指导，并对作物生长过程、气候状况、用药、用肥等数据，图文记录存档。2020年，举办芒果生产技术培训42期2 328人次，跟踪服务指导8 576人次，发放《芒果标准化生产技术》《芒果管理周报》等技术资料1万多套。

三、创新多种服务模式，带动小农户共同发展

通过努力，雷丰合作社创立多种服务模式，服务农户超过1.5万户，年服务芒果面积3万多亩，辐射带动超过10万亩果地，推动了农户芒果标准化生产和规模化经营。

一是陵水县"社员三统一"模式。整合社员及帮扶户芒果种植地块共1 461亩，采取"统一标准、统一农资、统一销售"模式，全程跟踪指导、图文记录可追溯，达到"三统一"的管理目标。

二是三亚市"合作社＋农户"模式。对1 000多户约1.5万亩芒果地提供技术指导服务，并预先提供生产资料，商超对接销售产品，起到帮扶、增效、促销的作用。

三是乐东县"社社联合"模式。雷丰合作社与乐东乐福果业合作社开展合作，对乐福合作社700余名社员的1.28万亩芒果地提供技术指导服务，起到降低成本、提高产量、提升价值的作用。

四是东方市"整村推进"模式。雷丰合作社与江边乡新明村和东河镇旧村签订芒果生产技术服务和购销协议，整村开展技术指导，提高芒果品质，实现年产值1 000多万元，同比增收30%～50%。

四、实现经济效益和社会效益双丰收

雷丰合作社每年带动芒果标准化生产面积3万多亩，近3 000多户，实现产值4亿～5亿元，合作社的发展实力和产业带动能力迅速增强。在2020

生产技术培训

年春节期间，受新冠肺炎疫情影响，芒果价格低至 3 ～ 4 元/千克，但是按照合作社技术标准生产的芒果，地头价仍然维持在 6 ～ 9 元/千克。合作社还在全省范围内成立芒果标准化技术服务中心18处，完成了芒果生产标准化推广体系建设和芒果生产流程分析图编制工作，多种形式进行标准化生产宣传培训和依标管控工作。采用合作社以营养控制、质量管控等为主要内容的芒果标准化生产技术，可减少化肥用量30%以上，减少农药用量40%以上，提升产品价值30%～50%，在实现农民增收的同时，有效防治面源污染，保护自然生态环境。

四川省井研县老农民水稻种植专业合作社
"村社合作"开展菜单式服务
引领丘区农户发展现代农业

菜单式服务作业现场

四川省井研县老农民水稻种植专业合作社（以下简称老农民合作社）成立于2017年，为省级示范合作社，主要从事水稻等粮油作物和柑橘等经济作物的耕、种、防、收及全程托管服务，现有专业技术团队成员30余人，拥有旋耕机、植保无人机等机械设备200余台套。成立以来坚持服务"三农"的宗旨，积极探索创新农业生产经营模式，拓展服务领域，延伸服务链条，为引领井研县丘陵地区的广大小农户进入现代农业发展轨道做出了重要贡献。

一、开展菜单式服务,满足农户多样化需求

老农民合作社顺应农村劳动力转移和城乡融合发展的趋势,发挥自身人才、技术、设备优势,致力于解决目前农村普遍存在的缺技术、缺机械、缺劳动力的"三缺"难题。

一是服务模式多元选择。针对季节性外出务工农户和劳动力不足的农户,提供"菜单式"服务,既有单一环节或多环节托管,也有"甩手掌柜式"的全程托管,多种服务方式供农户自由选择。由合作社承担托管任务,向农户、规模种植户等提供育秧、机插机播、统防统治、机耕机收、烘干仓储、加工运销等服务,服务项目明码标价、公开透明,服务对象根据自身需求,自愿选择服务组合;也可根据服务对象需求量身定制不同的服务模式,服务结束后由服务对象验收作业质量,并支付托管费用。

二是抛荒土地复垦管理。针对部分村组农户劳动力缺乏导致的土地撂荒问题,老农民合作社推出抛荒土地复耕服务,让"沉睡"土地焕发生机活力。抛荒农户可将土地交由合作社全程托管,统一复垦、统一管理、统一种植,收益归服务组织所有,耕地地力保护补贴归农户,服务主体确保耕地地力不下降,农户收入不降低。日后农户若愿意继续种地,老农民合作社则无条件将耕地返还农户。

目前,合作社已全程托管高凤镇、东林镇撂荒地近50亩。此外,井研县东林镇东光村集体经济组织也将原修建铁路后闲置的100亩土地交给老农民合作社全程托管,按照大春种植大豆、小春种植油菜的方式,每季作物收取全托管服务费470元/亩,预计能为村集体增收7万余元。

二、探索"村社合作"模式,实现村集体和农户双赢

发展初期,农户普遍对农业社会化服务这一新型的农业生产经营模式不理解,存在诸多疑虑,小农户接受社会化服务程度较低。老农民合作社深入调研,广泛宣传,逐步探索出了"村集体经济组织+合作社+农户"的服务

模式。

一是村集体获得中介收益。 村集体经济组织发挥组织优势，在合作社和农户之间发挥了重要纽带作用，有效解决了社会化服务过程中的统筹协调、组织发动、纠纷化解等实际问题，农户对农业生产托管服务的认可度不断提升；同时，老农民合作社根据不同服务环节，给予村集体经济组织中介服务费3～5元/亩，由此实现村集体收入的增加。

二是农民实现增产增收。 通过实行生产托管服务，推广先进适用的农业机械，将农户从繁重的体力劳动中解脱出来，实现了

菜单式服务价格表

劳动力在种地和转移就业之间的合理流动，促进了农户工资性收入的增长。同时，服务组织通过采用"六统一"服务模式，统一采购农资、统一技术、统一耕种、统一田间管理、统一收获、统一销售，农户每年每亩可降低生产成本30%以上，增产10%左右，节本增效明显。

三、聚焦关键环节，提升托管服务质量

为了提高托管服务质量，老农民合作社不断提高在农机作业、农产品储存和销售等关键环节的服务能力。

一是农机作业因地制宜。 井研县是典型的丘陵地区，面对作业地块分散、地块不平整、大型机具作业受限制等问题，老农民合作社因地制宜，对耕作机械进行了改进，逐步摸索出适合丘陵地区的机械化操作方式。以深耕

深松为例，针对地理条件和交通便利的地区，选择大型机械设备进行服务，作业效率高，一天一台大型机械能服务80亩耕地；针对零星分散的地块，选择微耕机械设备进行服务，确保耕作不误农时；针对耕作条件差、地理条件较差的稻虾田和烂泥田，选择经改进的机耕船进行服务，既能保证机械正常作业，又能提高作业效率，有效保障了耕作质量。

二是储销环节延伸服务。为了给农户带来更多便利，老农民合作社不单解决了"谁来种地、如何种地"的难题，还解决了产后储存、销售等问题。在销售环节，老农民合作社提供了多种稻谷收购方式供农户自由选择，一是由合作社按2.2元/千克保底，随行就市直接收购未烘干稻谷；二是由合作社为服务对象提供烘干服务后，按3元/千克保底，随行就市收购；三是服务对象可以在合作社长期免费储存，待服务对象"取货"时，合作社给予相同品种相同数量的谷子。

贵州省黎平县农业农村局
"菜单式+包干式"托管
化解山区种粮难题

水稻集中育秧示范

贵州省黎平县地处黔、湘、桂三省(区)交界及云贵高原向江南丘陵过渡地区，绝大部分耕地分布在山区丘陵，水田面积56.38万亩，人均耕地面积1.37亩，粮食产量常年稳定在16万吨以上。虽然是全省商品粮生产重点县，但耕地细碎、规模细小，小农户兼业化、老龄化严重，农村青壮年劳动力大量外流，带来水稻"无人种、不好种、种不好"等难题。成立于2015年5月的黎平县万亩良田农机专业合作社，面向小农户开展菜单式、包干式水稻生产托管服务，有效化解了山地丘陵地带的种粮难题。

一、多环节托管，菜单式服务省心省力

以"小农户能干好的自己干，干不好的交给合作社干"为原则，合作社制定包括选种、机耕、育秧、插秧、统管、烘干等内容的服务"菜单"，让农民根据需要自主选择。在农资采购的过程中根据服务地块的土壤、日照条件和群众意愿等，为农户选择最适用的种子，采购物美价廉的化肥农药。为做到"服务有标准、收费有依据"，合作社按照水稻高产示范项目标准，在育秧、机耕、机插秧、机收、植保等环节制定了水稻托管技术服务标准，并组织专业技术人员进行作业，保证了各项作业都按照高效绿色的规范标准开展。在稻谷成熟收获时，合作社又适时推出烘干服务。在销售过程中，如果农户出现"卖难"问题，合作社还提供大米加工、统一销售服务。合作社提供的菜单式服务，让农户根据自己的实际情况选择托管环节，充分尊重了农户的意愿，保障了农户的利益。2021年，全县有3 472户农民接受了合作社的菜单式托管服务，实现了让种粮农户省心又省力。

二、全过程托管，包干式服务稳产增收

在菜单式托管的基础上，针对农民外出务工后"谁来种、谁来管、谁来收"的迫切需求，合作社推出水稻耕、种、管、收全程托管的包干式服务模式。2018年，合作社开始在部分乡镇宣传推广水稻全程托管服务。每年水稻开始种植前，合作社就向农户介绍大米品种的需求趋势及各大米业公司的收购意向，推荐水稻品种供农户选择。在种植过程，由专业技术人员开展农机作业、统防统治、农事管理等。在水稻收获后，合作社通过自建的大米加工厂和自有注册品牌，帮助农民统一加工销售稻谷。具体来讲，农民只需缴纳每亩700元服务费，合作社负责选种、机耕、育秧、插秧、统管、统收、烘干等全程服务。在服务合同中约定粮食亩产量不低于每亩550千克，如果低于约定产量，合作社根据减产数量，按每千克稻谷3.6元补齐农民收入；如果高于约定产量，增收部分全部归农民，农民可以选择自己销售或由合作社

为农户提供机插秧服务

收购。通过水稻种植的全程托管服务，从源头上解决了农田"谁来种、谁来收"的问题，有效调动了种粮农户的积极性，实现了农户和合作社的互利共赢。2020年，合作社全程托管的区域扩大到了5个乡镇12个村，托管农户达到1 475户，亩均收入达到2 400元，亩均增收300元以上。

通过合作社提供菜单式和包干式托管服务，实现了"田有人种、稻有人管、谷有人收、米有人卖"，机械化得到普及，解决了山区种粮费工、费时、费钱的问题，像黎平这样的山区县种粮不再是难题。**一是增产**。合作社与州、县农业植保、农推、农机等专家合作，为水稻种植提供技术指导服务。接受托管服务的种粮农户，每亩插秧从农户自种的8 500～9 500株增加到11 000～12 000株，亩产增加到620千克，比农户自种的亩产平均高出35千克。**二是节本**。比如在用工方面，每亩人工插秧耗时约2个工时，人工费约200元，机器插秧耗时约1个工时，费用仅130元；人工收割，按每亩2个工，每个工100元加上伙食费共计需要300元左右；如果采取机收，每亩仅需150元。综合测算，水稻全程机械化可以为农户每亩节约成本220元左右。**三是增收**。接受托管服务解放出来的劳动力，通过外出务工每月还可增收约4 000元，鼓起了农户的钱袋子。

二、发挥村集体组织优势

安徽省凤台县人民政府

创新生产托管模式
发挥村集体"统"的功能

高茬还田施肥开沟高畦播种一体机作业

安徽省凤台县位于淮河中游、淮北平原南缘，耕地69万亩，人口73万人，曾获"全国粮食生产先进县"等称号。2019年以来，凤台县积极创新生产托管模式，推行"1+N"生产托管服务的"凤台模式"。其中，"1"是党建引领，"N"是村集体经济组织、社会化服务组织、小农户、银行、保险、担保等。凤台县通过发挥村集体经济组织"统"的功能，充分发挥服务组织、银行、保险、担保及其他涉农企业各自优势，引导分散农户统一接受服务组织提供的生产托管服务，满足其生产需求，有效破解了"谁来种地、怎么种地"的难题。

一、坚持政府引导，强化统筹指导

凤台县充分发挥政府引导作用，全方位鼓励支持托管服务试点，累计签订委托服务协议户1.2万户，托管耕地面积15.3万亩。

一是做实政策。制订《凤台县提升农业生产托管服务探索农业经营体系创新助推现代农业发展的实施方案》，确定了11个生产托管服务试点乡镇和70个试点村，先行先试，逐步推广。

二是做通思想。县乡村三级累计召开动员会近80次，编发了一整套工作方案、政策解读和操作规范等资料，以会代训，统一思想认识。印发了宣传明白纸2万份，结合农业生产方式、生产成本、劳动力等实际情况，帮助群众更进一步了解托管服务的便民惠民之处，熟悉具体操作流程。

三是做强平台。结合农村"三变"改革，将村股份经济合作社作为村集体参与生产托管服务的平台。村党组织书记兼理事长，配套组建理事会、监事会，提升合作社组织能力。

四是做足保障。坚持全方位保障原则，一方面，在托管服务各项环节中，严格落实"四议两公开"制度，充分保障每位群众的知情权、参与权和监督权。另一方面，根据生产实际需求，制定农业生产托管服务标准和服务质量负面清单，多方强化监管力度，务求最大限度维护农户利益。

二、创新服务模式，推进统一经营

一是服务模式创新。在2009年沿淝糯米专业合作社开展农业生产托管"五统一"服务基础上，优化升级形成2011版"十统一"的"店集模式"，即统一供种、统一供肥、统一旋耕（育苗）、统一播种（插秧）、统一开沟（调水）、统防统治、统管统水、统一收割、统一回收销售、统一秸秆综合利用，目前已在全市复制推广。

二是遴选模式创新。按照"服务经验足、服务设备全、服务能力强、群众口碑好"的标准，经过"村推荐、镇审核、县确定"的程序，遴选出农业生产托管服务组织，服务组织与村股份经济合作社签订服务协议。

三是托管模式创新。坚持党建引领，推行"社会化服务组织+村集体经济组织+小农户+保险+银行+担保"服务模式，探索统一生产新模式，一体推进耕、种、管、收、烘、储、销、贷全程服务。

四是分红模式创新。突破固有思维，创新提出"二次分红"，指导村集体经济组织与农户签订农业生产托管合同，再与社会化服务组织签订服务合同。三方共同商定保底成本，确保保底收入。除去保底收益、收入保险保费和各项生产费用后的盈利部分，由村集体经济组织、农户和托管服务组织按照2：3：5的比例进行二次分红。

三、强化政策支撑，激发发展活力

一是资金激励。利用中央财政农业生产社会化服务项目资金和支持新型农业经营主体发展项目资金，定向补贴提供统一服务的农业生产托管服务组织，引导推广托管服务。

二是项目支持。安排项目资金，指导托管服务组织及时对托管土地开展深耕深松、田间管理等环节托管服务，确保项目任务落实到田间地头，落细

农业生产托管培训班

到生产各环节。

三是保险兜底。推动太平洋财险等保险公司与农业生产托管服务组织签订收入保险协议，小麦每亩季收入保险保额达700元，保费28元；水稻每亩季收入保险保额达1 300元，保费52元，为农民和服务组织彻底解决了后顾之忧。

"1+N"生产托管服务模式，连接农户和生产托管服务组织，形成"农户委托、集体统一、专业服务、保险保障、银行跟进"的生产服务链，集体、农户和服务组织三方的利益得到保障，实现多方共赢。

一是促进了农民增收。托管服务组织以低于市场价的标准收取服务费，生产成本每亩地降低20%。小麦亩均产量同比提高5%，总体效益提高8%；水稻亩均产量同比提高7%，总体效益提高10%，农户收益"水涨船高"。

二是促进了托管服务增效。生产托管服务组织与广州极飞科技有限公司投资1 200万元联合建设了"极飞学院安徽培训中心"，实现全天候监测与运营保障服务。推广安装激光平地仪4套、智能化农业机械22套，全县90%以上的耕地实现无人植保机统防统治，服务效率大幅提升，服务成本明显降低，托管收益每亩近40元。

三是促进了村集体发展壮大。2019年实施统一生产托管的20个试点村，平均每村增收5 000元；2020年的50个试点村，平均每村增收2万元。同时，村党组织的组织能力、统筹能力和为农服务能力也不断迈上新台阶。

山东省荣成市农业农村局
村集体托管服务小农户
规模种粮有了"村保姆"

多村抱团模式，统一作业管理

荣成市位于山东半岛丘陵地区，耕地70.3万亩，人口67万人。受山地多、地块小、地力薄，以及农村人口老龄化等因素影响，农户种粮意愿不高。2020年起，荣成市探索支持村集体开展社会化服务新模式，对没有时间或无力耕种农户进行全程托管种粮，即"村保姆"服务模式。农户和村集体采取"保底+分红"的形式，破解了无人种地、不愿种地的难题，有效防止了土地撂荒，保证了粮食安全，增加了农户和村集体收入。2020年，全市778个村中有236个村开展社会化服务，托管耕地面积3.4万亩，小农户每亩地保底收入300元，分红300元，比自耕自种增收200元，比土地流转增收300元，并带动村集体平均增收5万元。2021年6月底，全市489个村开展了社会化服务，托管小农户土地达5.4万亩。

一、强化政策供给，支持村集体开展社会化服务

荣成市在开展社会化服务过程中，在多个环节给予政策和资金支持，保障了小农户的保底收益，调动了村集体的积极性，促进了小农户和村集体抱团发展。

一是扶持各个环节，打破资金瓶颈。在托管收入方面，对于开展社会化服务的村，市里设立1 500万元专项资金，预付保底费用，确保小农户每亩300元的保底收益，充分调动起农户和村集体开展社会化服务的积极性。在金融支付方面，推出"种粮创业贷"，与市内农业银行、邮政储蓄等5家金融机构对接，为村集体提供每亩1 000元的无抵押社会化服务贷款。在农机购置方面，安排400万元用于购买村集体开展社会化服务所需的大中型农机，补贴10%～30%。

二是实行种粮保险，进行兜底保障。荣成市与中华联合保险公司合作，由市财政设立专项资金，为村集体托管的粮食种植提供每亩30元的收入保险，保证小麦、玉米每亩收入都不低于700元，达不到的部分由保险公司赔付。同时，种粮自然灾害政策保险中，由村集体和农户承担的部分，也由市财政出资240万元全额兜底，为村集体开展社会化服务再上一道"保险"。

三是补贴服务差价，调动村集体积极性。荣成市发挥农业生产社会化服务项目扶持资金的带动作用，对让利小农户、托管面积大、服务效果好的村集体，给予每亩70元服务价格差价补贴，鼓励村集体开展托管服务。项目同时向社会化服务组织覆盖延伸，对全市粮食种植提供兜底托管。

二、坚持因村制宜，探索多种形式的社会化服务模式

对于服务能力不同的村，探索形成了三种符合实际的社会化服务模式。

一是在服务能力强的村，实行单村自营模式。村集体负责把本村的农机

具、劳动力组织起来，统一调配使用物资。农户除了拿保底和分红外，还能以农机、劳动力等形式入股，再获得一份收益。其中，有些村还立足"信用荣成"建设基础，把"耕种管收"等环节都量化成志愿项目，通过"信用＋志愿"形式鼓励农户认领参与，农户出工出力情况折算成信用积分，年底在本村信用基金发放仪式上，以物质奖励的方式兑现，信用奖励略高于农户出工出力成本。以上庄镇西涝村为例，2020年托管412亩土地发展规模种粮，通过"信用＋志愿"形式鼓励村里11台大中型农机和120名农户参与，参与情况以信用积分形式折现，村集体只负责农资、灌溉等基本费用，每亩种植成本降至300元，比市场化服务费用低200元。

二是在服务能力较强的村，实行多村抱团模式。多村抱团模式是荣成市主推模式，由服务能力较强的村牵头，辐射周边村，成立社会化服务联合社，实行"五统一"，即统一采购、统一种植、统一作业、统一管理、统一销售，共同开展托管服务。以人和镇邢家村为例，2021年联合周边40个村，注册成立"人和镇农业种植合作社联合社"，托管服务土地面积6 000亩。在全部机械化作业基础上，依托规模优势与山东农大集团合作，以较低价格推行测土配方施肥等新技术，每亩年均收入突破1 000元，比抱团托管前多300

大中型农机开展机收作业

元，村均增收5.7万元。

三是在服务能力弱的村，实行市场化专业托管模式。根据地力好坏采取两种方式：对地力差的山耩薄地，通过"保底＋分红"，专业服务组织与村里商定好保底价格，年终收成超过保底部分，再按比例二次分红；对地力好的平整泊地，村集体向专业服务组织支付托管费用后，所产的粮食全部归村集体所有。

三、实现多元发展，彰显社会化服务成效

通过建立完善"以村集体为主体，多村抱团为重点，市场化专业服务组织为补充"多元发展的社会化服务体系，优化了资源配置，提高了乡村善治能力，提升了基层党组织的凝聚力、向心力。

一是激活了农村生产力。通过村集体开展生产托管发展规模种粮模式，不仅将村集体、种粮大户、社会化服务组织、广大农民等经营主体的积极性调动起来，还把农机经营、测土配方、水利设施、粮食储销等涉农要素也纳入种粮链条，重新优化了资源配置，重塑了农业生产关系，极大地激发了农村生产力。

二是促进了乡风文明。一方面，村集体发展社会化服务进行规模种粮，特别是"信用＋志愿"模式的参与，使得小农户与村集体组成利益共同体，形成互帮互助的好风气。另一方面，这股好风气拓展延伸到环境管护、网格治理、暖心食堂等乡村治理领域，群众把村里的事情当作自家的事情来办，为乡村善治营造了共建、共治、共享的好氛围。

三是提升了村级党组织的凝聚力。蓬勃兴起的村集体开展社会化服务进行规模种粮，有效发挥了村集体依法管理集体资产、合理开发集体资源、服务集体成员等方面的作用，也为村级党组织履职尽责、村干部比学赶超搭建了平台，有效激发了想事干事、干则有为的精气神。村级班子赢得了群众的信服，有力提升了农村基层党组织的凝聚力、向心力。

四川省成都市蒲江县人民政府

优势互补　精准服务
整村菜单托管助力小农户发展

蒲江县农业社会化服务产业联合会成立大会

蒲江县位于成都市西南近郊，浅丘地理条件适宜晚熟柑橘种植，目前全县发展晚熟柑橘30多万亩，很多人品尝过的"丑柑"和"耙耙柑"，就是产自蒲江。这些年，按照农业农村部和四川省农业农村厅工作部署，蒲江县积极推进农业社会化服务工作，在全县培育服务主体110个，指导成立了农业社会化服务产业联合会等24家行业协会，推动农业社会化服务不断发展壮大。由于晚熟柑橘经济效益相对较高，果农流转土地意愿不强，因此小农户经营占多数。但在一些人多地少、地块零碎、位置偏远的村子，小农户虽然也有托管服务需求，却因为组织成本高，服务主体介入意愿低，部分小农户增收遇到瓶颈。

村两委有带富群众的愿望和动员群众的组织优势，服务主体有闯市场的能力和生产管理的专业优势，"强强联手"是破解小农户与现代农业有机衔接难题的"金钥匙"。县委县政府积极当好"红娘"，2019年以来，先后引导四川省农托科技服务有限公司（以下简称农托公司）与鹤山街道团结村、朝阳湖镇桥楼村，四川省卫农现代农业科技有限公司与大塘镇洪福村，试点探索"村两委+服务主体+农户"的整村菜单托管模式。采取会议、自媒体、外出参观等方式，大力宣传生产托管优势，广泛动员基层组织和服务主体合作，按照"党建引领、市场导向、村民主体、自愿参与"的原则开展整村托管，推进晚熟柑橘生产专业化、标准化、集约化、绿色化发展。

一、强化组织动员，积极发动群众

指导村委会与服务主体签订《整村托管战略合作协议》，积极推进晚熟柑橘整村托管服务。**一是坚持党员干部带头。**充分发挥基层党组织动员群众的优势，发动党员干部80多人率先接受托管服务，打消村民顾虑。**二是坚持群众主体地位。**2020年，服务主体进村入户开展生产托管服务宣传培训70多场，引导村民转变观念，自愿参与生产托管；服务主体组织种植大户等群众身边的土专家研究制定"两图一表"（即托管规划图、实施效果图、工作推进表），果农自愿监督托管服务开展过程。**三是坚持市场原则。**服务主体与托管对象签订《托管服务合同》，明确托管双方的权利与责任。目前，3个试点村签约果农363户，托管地块2 091块、2 809亩，其中团结村托管面积占全村的70.7%、桥楼村占全村的53.3%。

二、强化需求导向，精准订制服务

指导村两委和服务主体深入走访调查，摸清产业发展面临的"种植技术未更新、产品标准未建立、劳动力缺乏、投入品质量保障难、质量安全溯源体系缺乏、销售渠道未打开、地块分散"等突出问题。在此基础上,服务主体坚持问题导向,聚焦薄弱环节,充分发挥专业优势,结合晚熟柑橘种植技术特点,因地制宜推出"全程托管、环节托管、爱心托管"等14种托管菜单,逐项明确服务标准和价格,精准满足果农托管需求。目前,试点村签约农户选择全程托管36户、占10%;选择投入品、技术等环节托管313户,占86%;选择爱心托管14户,占4%。

三、强化资源整合,全链优质服务

依托蒲江县农业社会化服务产业联合会,以农托公司为代表的服务主体积极整合服务资源,组建了无人机飞防植保、综合劳务服务、机械化作业、投入品配送、信息服务、农产品销售等12支专业服务队,引入山地运输车、开沟机、旋耕机、割草机等实用农机具,同时多渠道全方位开展安全宣传和教育培训100多次。团结村晚熟柑橘生产农机具使用覆盖率达65%,装备现代化促进了劳动生产率明显提升。支持服务主体强化科技投入,研发储备了天敌采集、鉴定、培育、扩繁、应用等关键技术10多项,在托管地块内施放捕食螨、瓢虫、潜叶蛾诱捕器、黄板等,示范带动周边种植户实施天敌防控

开展农业生产技术培训

面积达 1 000 余亩。

四、强化全程对标，确保托管实效

蒲江县制定了《晚熟柑橘生产技术规程》等地方标准，建立健全晚熟柑橘生产田间量化和标准化管理体系。服务主体严格对标，实行统购统销、统防统治，以及标准、技术、培训、宣传等8个方面的统一管理。"一户一档"规范建立生产档案，实施生产服务全程记录；精简优化投入品配方，全面推行"有机肥替代化肥、绿色防控替代化学防控"。团结村整村托管后，亩均投入品降本600余元，增产10%以上；发布产销信息1 000余条，促进了产销对接；转移700多名劳动力到二三产业就业，人均增收800多元。洪福村农户普遍反映，采用天敌防控技术，农药用量亩均降低40%～50%、肥料用量降低20%以上，比自己种的效果明显要好，而且每年多出2～3个月时间外出务工，人均增加近万元的打工收入。

甘肃省景泰县上沙沃镇大桥村
发挥组织优势　推进整村托管
探索农业社会化服务新路径

县、镇、村跟踪指导

景泰县位于甘肃省中部，河西走廊东端，腾格里沙漠南缘，辖11乡镇、135个行政村，农业人口18.67万人，耕地面积104.74万亩，是全国全程机械化示范县，综合机械化率达到76%。近年来，景泰县按照"群众自愿、以点带面、集中连片、便于服务"的思路，大力推进农业社会化服务。上沙沃镇大桥村以实施农业生产托管项目为契机，充分发挥村集体组织优势，创新服务机制，集中连片整村推进农业生产托管，促进了农业生产过程的专业化、标准化、集约化，实现了农业节本增效。

一、推进资源整合，抱团发展有"力度"

大桥村有18个农机大户，一个农机合作社。在未实施托管项目前，各自发展、相互竞争，服务能力有限，业务收入不高。依托项目实施，大桥村积极发挥集体经济组织的统筹作用，深入调研、宣传发动、统一思想，组织农机户与农机合作社签订合作协议，把分散的农机具、农机手整合起来。他们通过抱团发展，服务能力从过去单环节服务拓展到产前、产中、产后的全产业链服务。截至2021年，景泰县盛世农机专业合作社共有持证农机驾驶员20人，各种农机具55台套，年服务面积达20万亩次，服务能力大幅提升。

二、引导集中连片，贴心服务有"温度"

为破解小农户分散种植作业不方便、产出不高效的难题，大桥村结合当地养殖企业饲料需求大且适合种植玉米的实际，引导农民集中连片种植玉米。经过广泛宣传动员，全村206户农户集中连片开展玉米种植，规模达到5 000多亩。大桥村集体积极组织协调全过程、全链条服务，保障小农户和服务主体利益。**产前**，邀请县农业技术中心专家现场讲解良种选择、复方拌种等技术，保证农户准确选种。**产中**，由合作社按照"四统一"（即统一耕作、统一播种、统一飞防、统一收割）要求开展全程托管服务。**产后**，对接景泰县菁茂生态农业科技股份有限公司等龙头企业，实现玉米统一销售，解决卖难问题。

三、强化监督管理，规范运营有"深度"

为解决作业不标准、管理不规范、质量不稳定等难题，保证托管服务优质高效运营，大桥村集体组织村民与合作社签订托管合同，严格落实"三化"管理，推动托管服务规范发展。**一是标准化操作**。根据县农业技术部门提供的玉米高产栽培技术规程，在耕、种、防、收等环节严格服务标准，大力推广良种良法应用、病虫害统防统治、测土配方施肥、秸秆还田等先进适用技术，实现绿色高效科学种植。**二是规范化服务。**充分尊重农户意愿，广泛宣传服务项目、单价和农户承担部分及项目补贴部分，让农户明白服务事项，清楚服务内容，放心接受托管服务。**三是精准化管理。**县农业经济经营管理站、乡镇农业服务中心、村集体加强协调配合，在作业期全程跟踪监督和指导服务组织严格按照服务标准、服务内容开展服务，对出现的问题及时跟进解决。作业完成后，组成联合验收组对实际作业情况和备案资料的一致性、准确性、真实性进行检查，并出具验收报告。

四、创新经营方式，多方共赢有"热度"

通过以上努力，大桥村探索形成了村集体统筹、多元主体服务、小农户参与的整村托管经营模式，实现了服务规模经营和多方共赢发展。**一方面，促进了农业节本增效。**按亩均统计，机械旋耕实现出苗率提高5%以上，产量增加50千克，节约成本150元左右；机械播种节约成本50元左右，飞防节约成本40元左右；机收节约成本60元左右，秸秆还田节约成本40元左右，合计实现节本增效340元以上。良好的效益激发了农民的种粮积极性，原本

村集体召开托管协调会

的撂荒地得以复耕，2020年全村共计恢复耕种撂荒地300余亩。通过绿色高效技术，减少了农药、化肥使用量，提高了病虫害的防控水平和土壤肥力，有效保护了生态环境。**另一方面，激发了各类主体活力**。农户通过托管实现了持续增收，选择全程托管的农户，种植玉米亩均净收入达到1 200元，比自己种植增加150元；还可以放心外出务工，年增加工资收入1万元以上。村集体统筹功能显著增强，集体经济得到壮大，2020年通过托管增加收入6 000元，2021年预计达到1万元。农机合作社和农机户通过联合发展，作业能力显著增强，服务范围迅速扩大，服务收入平均增加10%以上，成为本地发展现代农业的骨干力量。

三、创新服务机制

内蒙古自治区林西县荣盛达种植农民专业合作社

三方联动构建山坡地杂粮
全产业链服务体系

开展荞麦秋收作业

　　荣盛达种植农民专业合作社成立于2017年初，位于内蒙古自治区林西县杂粮主产区新城子镇。新城子镇80%耕地属山坡地，粮食产量低，务农收入少，农村年轻劳动力纷纷外出务工，留守老人因为身体原因多数无法种地，大面积耕地被抛荒弃耕。合作社围绕山坡地小杂粮种植全产业链条，通过与村集体创新合作，提供"耕、种、防、收、售"全程托管服务，探索形成了"合作社＋村集体＋农户"三方联动的杂粮生产服务新模式，农户收益持续增加，合作社不断发展壮大，服务范围从最初1个行政村200户农户9 000亩耕地部分托管，发展到目前11个行政村2 332户农户12万亩耕地全程托管。

一、从传统到现代，农业耕作实现全程托管

由传统的从种到收全靠畜力和人力，发展到用小型拖拉机开展耕、种、收三个环节部分托管服务，到现在利用大型农机具开展"耕、种、防、收、储、售"全程托管服务。4年时间，合作社探索出了"以行政村土地为生产单元开展农机作业"的服务方式，合作社与各个行政村农业生产知识丰富、农机作业水平较高的农机手签订聘用合同，经过系统化技术培训后，分派到各个行政村开展农机作业服务。实际工作中，按行政村耕地面积大小派驻农机手，耕地面积4 000～5 000亩的行政村派驻2名农机手，以此类推。如因农时农情需要多台农机联合作业，合作社负责统一调配，生产中遇到任何疑难问题，合作社负责协调解决。

二、从单一到多元，产品销售实现晋位升级

为有效解决托管农户愁销路、卖粮难问题，合作社创办了杂粮加工企业，并申请注册"双兴老三区"品牌。合作社每年以高于市场价0.4元/千克的价格，收购托管户红谷、黍子、荞麦等杂粮，加工生产出黏豆包、红谷米等杂粮产品，通过农产品电子商务、订单农业等渠道销往全国各地，辐射带动双兴村及周边农户脱贫致富。同时，合作社还与林西县恒丰粮油加工有限责任公司等粮食加工企业合作，收购合作社无力加工消化的余粮，确保农户粮食不积压。从单一农户卖粮到多渠道购粮，实现粮食适时销售、保值增值，解决了农户的后顾之忧，农户种植收益得到有力保障。

三、从独营到合作，生产效益实现稳步提升

合作社在开展生产托管服务过程中，注重发挥村集体组织优势，建立起"合作社+村集体+农户"杂粮生产全程托管服务模式。村集体作为发动和组织的纽带，负责组织小农户将土地集中连片实现整村托管，并代表小农户

与合作社签订生产托管服务合同，监督农机手保质保量执行作业标准，并按合作社总收入的5%收取协调服务费。村集体高效介入，既解决了农户分散、种植零碎造成的生产效益低问题，又避免了合作社与农户沟通耗时费力的窘境，同时壮大了村集体经济实力。2021年，新城子镇11个行政村均以村为单位实现了"整村托管"。

四、全产业链服务体系实现三方共赢

合作社在生产托管服务中，不断改进服务方式、延伸服务链条、创新组织模式，有效解决了当地山坡地多、种粮难度大、农户收益少、土地抛荒严重等问题，保护了耕地资源，提高了粮食产量，增加了农户收益，降低了农田污染，促进了农业绿色高质量发展，实现了合作社、村集体和农户三方共赢，取得了经济效益、社会效益和生态效益协调推进的良好效果。

一是促进了合作社发展。合作社开展全程托管服务，提高了农业生产效率，降低了单位面积机械作业成本。节约的资金用来购置农机具以进一步扩大生产经营服务规模，形成了节约成本、扩大规模、提升能力的良性循环发展格局。2020年，合作社新购农业机械9台套，托管面积达到3.8万亩，据

合作社理事长指导作业人员操作技术

统计仅一项机械作业就可节约成本76万元。

二是壮大了村集体经济实力。村集体通过组织小农户将土地集中连片实现整村托管，代表小农户与合作社签订生产托管服务合同，协调做好管理工作，获得稳定可观的服务费用，初步打破了村集体收入"空壳"甚至"赤字"的困局，有效壮大了村集体经济实力，增强了村集体为民办事的能力。

三是增加了农户收入。合作社通过统一购买农资、统一机械作业、统一销售粮食，有效降低了物化成本和作业成本，提高了作物产量和质量，并提高了产品标准和售价，增加了农户种植收入。以2020年谷子为例，每亩可节约物化成本20元、机械作业成本20元，增产25千克，增收160元，合作社以高于市场价收粮增收80元，平均每亩节本增效280元。

四是推动了农业可持续发展。合作社通过采用精量播种、合理施肥、科学防控病虫害等标准化生产技术，实现了土壤保护和污染防控的和谐统一，提升了耕地质量，保障了粮食安全，推动了农业可持续发展。

黑龙江省讷谟尔农业发展有限公司

全链条服务　全要素导入
打造现代农业生产服务商

签订托管协议

一、基本情况

黑龙江省讷谟尔农业发展有限公司（以下简称讷谟尔公司）位于黑龙江省齐齐哈尔市讷河市，成立于2018年8月，注册资本5 000万元，是集农业种植、生产托管、农技推广、数字农业、粮食储销等于一体的新型现代农业服务企业。近年来，该公司努力构建农业全产业链服务体系，探索发展以全程托管为主要内容的农业专业化、社会化服务。2020年，公司全程托管面积

15万亩，流转土地22.3万亩，农机作业服务面积37.7万亩。为调动农民选择全程托管的积极性，公司按每亩600元价格向农民预付收益保障金，秋收后再按实际收入扣除托管服务费，并以纯利润5%给农户二次分红。2021年，全程托管服务面积增加到45万亩，加上土地流转、合作经营等形式合计实现规模经营150万亩，占讷河市耕地总面积的1/4，遍及94个行政村。

二、主要做法

讷谟尔公司依托种植基地的示范效应，通过农业生产托管服务，发挥村集体、合作社的组织衔接作用，带动家庭农场、种植大户、小农户等开展机械化作业、规模化经营、专业化生产。同时，讷谟尔公司与象屿集团、鸿展生物、讷河粮食集团等产业链上下游企业组建联合体，导入金融保险、先进技术、商贸物流等资源要素，形成了耕、种、管、收、储、销等6个环节的全链条规范化、标准化服务能力，成为全链条服务、全要素导入的现代农业生产服务商。

（一）整合优质资源，优化提升规范服务

2020年，讷谟尔公司成立了讷谟尔农业机械服务公司，引进农垦先进的机械力量和耕作模式，整合农机合作社3个，进口现代农机设备137台套、无人机20台，升级"菜单式"全程托管服务。公司与东北农业大学、华中农业大学开展技术转化合作，聘请农垦系统5名农机（农艺）师组成专家团队，进行全程技术指导和跟踪服务，实现技术推广与生产托管的有机结合。为发挥适度规模经营的效益优势，公司将托管地块划分为15个作业区，最小连片作业面积200亩以上，科学配备农业机械、实行专家包片指导，实现了农业生产规模化经营和规范化管理。

（二）创新金融服务，突破规模经营瓶颈

为防范化解农业风险，解决规模经营融资难题，公司积极对接金融保险机构，为农业生产托管导入金融保险服务。**一是导入收入保险。**公司协调农业保险公司推出农业收入险，并协助进行洽谈、承保、出单、报案、勘察、

定损、理赔等服务。保费由公司代缴垫付，农产品收获后，所垫付的保费本息从粮食销售价款或其他收入中收缴。2020年公司承保面积30万亩，玉米、大豆每亩保障收入分别为876元和480元，为农户代缴保费1 100万元。**二是导入信贷担保。**公司为加入联合体的成员协调金融机构办理贷款业务，提供一定额度的贷款担保。通过公司担保，农业银行和农商银行为农户贷款1 950万元。

（三）延伸供销服务，提高托管经营效益

依托联合体形成的全链条服务优势，讷谟尔公司在农资统一采购、农产品储销两端发力，一端降成本、一端增收入，确保农户选择托管的效益。**一是统一采购农资，保障优质低价。**在"种产销"的基础上，公司以自营种植需求为支撑，形成规模化农资采购优势，获得优质种子、化肥、农药等农资供应，以成本价或低成本开展以农资供应为核心的托管服务业务。2020年，通过集中采购种子、化肥为农户节约成本300万元。**二是提供储销服务，实现保底增收。**公司协调粮食收储企业，为加入联合体的农户提供粮食储销服务。农户送交当日结算的，按高于同期市场价格（当日挂牌价，即保底价）每吨20元的标准结算；送交当日不结算的，可在90日点价期内自主选择结

农业保险机构深入田间地头测产

算日，按照点价当日挂牌价格结算，低于保底价格时按保底价格结算。2020年，以这种方式收购粮食60万吨，涉及经营主体68个、农户2.16万户，帮助农户增收约3 000万元。

三、取得成效

（一）实现了农民和企业的双赢

通过实施规模经营和托管服务，实现了农业生产节本增收和农产品提质增效。2019年，公司"万亩高产示范田"实行"六统一"管理，大豆、玉米平均亩产分别达到229千克和905千克，亩均增产40%以上。选择生产托管后，农民还可外出务工1～2个月，人均收入增长20%左右。对公司来讲，通过统购、统种、统管、统销等，每亩地增加收益30～50元，实现了土地增效、农民增收、粮食增产的多赢局面。

（二）实现了粮食产业由弱变强

通过规模化种植、集约化生产、专业化服务和企业化经营，粮食生产从农民不愿从事的弱势产业，变成了原料充足、品质保证的优势产业，拉长了产业链、优化了供应链、提升了价值链，实现了农村一二三产业融合发展。

（三）增强了抗御自然灾害的风险能力

2020年，尽管当地发生了农业自然灾害，实施"菜单式"托管地块的农作物产量和农民收入却有了明显提高，大豆、玉米平均亩产分别达到210千克和640千克，高产地块分别达到240千克和800千克。由于公司购买了收入保险，当年因灾减产减收获赔3 000万元。

河南省农吉农业服务有限公司

发挥三大优势　创新服务机制
争当农业社会化服务排头兵

全程机械化作业服务队

　　农吉农业服务有限公司位于河南省驻马店市遂平县，隶属河南农有王农业装备科技股份有限公司（以下简称农有王）。2017年成立以来，公司以农业生产服务为主要业务，以"公司+县级分公司+农机合作社+机手"为基本模式，以新装备新技术应用、高素质专业队伍、标准化作业服务为基本保障，在河南、湖北、安徽等13个省份开展多环节专业化托管服务，闯出了一片农业社会化服务新天地。

一、发挥品牌优势，构建网络化服务模式

"农有王"是有30多年历史的老农机品牌，主要生产销售播种、收获等农机具，在河南及周边地区具有较高的知名度和良好声誉。公司依托"农有王"完善的销售和服务体系，建立了"公司+县级分公司+农机合作社+机手"的服务网络，开展大面积、跨区域作业，统一调配农资、农机和农机手。服务公司负责全面运营及资源整合，县级分公司负责培育本区域乡镇农机合作社、组建作业服务队、协调开展耕种防收全程托管服务，农机合作社和机手根据作业调配任务负责本区域内生产服务。服务网络密集、服务形式灵活、服务内容多样，满足了不同生产主体的服务需求。

二、发挥技术优势，开展标准化服务作业

公司将农机作业服务队细分为耕整、种植、植保、收获四大类11个小类，实现专业化分工、标准化作业。针对当地不同农作物种植特点，采取不同的作业方式，积极推广小麦带状、宽幅和玉米洁区、错位及花生垄上播种等高产播种模式，实现增产10%～15%。全国花生第一大县正阳县探索形成了秸秆离田、深翻、旋耕、垄上播种的耕作模式，被河南省农业科学院确定为花生高产栽培技术"四改"之一，并被广泛推广应用，这种模式受到了普遍欢迎。公司参与制定了小麦、花生等全程机械化作业质量地方标准，填补了驻马店地区作业服务标准空白。

三、发挥人才优势，打造专业化服务队伍

坚持把打造高素质专业化服务队伍作为提高服务质量的根本。注重严把机手入口关，在机手加入农机合作社时做到"一训、二带、三管"，即必须接受公司组织的培训并取得结业证书，必须经过老机手一对一帮带，必须严格遵守各项管理规定。注重维护公司形象，所有作业车辆必须统一安装队旗队标，开展服务必须统一签订作业合同、统一质量标准、统一作业价格、统

一售后维修、统一作业调度，保持了客户零投诉记录。注重增加机手收入，稳定机手队伍，加快服务主体成长。随着公司规模的扩大，跨区作业时间不断延长，集中连片作业效率不断提高，在增加机手收入的同时，也推动了农机合作社快速发展。

服务公司通过延长服务链、扩大服务面、降低服务成本、规范服务管理、提升服务质量、完善利益分配机制等，取得了良好的经济效益和社会效益。

一是促进了服务主体发展。目前，公司已在豫、皖两省设立县级分公司19家，加盟农机合作社67家，拥有1 504马力*以上拖拉机1 560台，各类植保机械、收获机械1 350台，各类机手3 000多人，作业范围遍及13个省份，年作业面积达1 100万亩次以上，年服务收入超过3亿元。加入公司服务网络的服务主体得到迅速发展。如遂平县诚义农机合作社2018年加入，大型机械由当时不足10台发展到现在的110多台，机手年均收入达到15万元以上。

二是实现了农业节本提质增效。通过集采、集服、统销和新型机械设备的应用，农资采购成本降低10%以上，机械作业成本降低10%～15%，全程托管服务亩均节本增效在200元以上；通过订单收购，实现了粮食售价高

农机作业服务队队员培训会

---

* 马力为非法定计量单位，1马力≈735瓦。

于市场价格 0.06 ～ 0.1 元／千克。村集体经济组织也通过参与组织农业生产托管，获得了一定收入，全程托管每亩可提取服务费 5 ～ 10 元，部分村集体年收入可达 5 万元以上。

三是调动了生产经营主体种粮积极性。有了社会化服务，降低了生产成本，增加了生产收益，一些种植大户纷纷扩大粮食种植面积。如遂平县军红农业种植专业合作社，2018 年粮食种植面积 5 200 亩左右，2020 年与该公司合作，扩大到 8 500 亩，粮食生产收益亩均增加 15% 以上。平舆县徐万庄村徐新民家因无劳力，家里 15 亩地原由亲戚代种，2019 年托管给该公司后，亩均粮食产量提高 20% 以上、增收 200 元以上，现在逢人便说，还是生产托管好。

重庆市至峰农业科技有限公司

打造全产业链闭环综合服务解决方案

成立村级机耕队

重庆至峰农业科技有限公司（以下简称重庆至峰）成立于2019年2月，主营水稻机耕、机播、机防、机收与柑橘施肥、修枝、打药、抗旱等现代化全程托管服务以及高标准农田宜机化整治、测土配方施肥等服务。针对农村劳动力缺失、先进技术推广难等问题，重庆至峰开始探索创新农业科技服务，旨在提供"产、供、销、服"一体化的全产业链闭环综合服务解决方案，为推动农业现代化发展提供新路径。

一、组建服务队伍，提升专业化水平

重庆至峰通过组织整合当地各类资源，组建了有设备、有技术、有人员的专业社会化服务队伍，满足了科技创新与服务发展需求，提升了农业服务规模经营水平。

一是组建五个团队，整合专业设备。重庆至峰吸收农村闲散劳动力并经过农业技术种植专业培训，组建成立机耕、飞防、机收、果树修枝剪型、果树施肥下果等5支专业队伍，整合农村闲置小型农机50余台，大中型农机3台，组织机耕技术人员70余名。在长寿区4个街镇组建了村级机耕服务队20个；飞防服务队拥有专业无人机20台，专业技术人员30余名，日作业达到4 000余亩，同时与重庆多家无人机专业服务组织签订了战略合作协议并开展农用无人机培训；机收队拥有大型收割机5台，专业技术人员10名，有效满足了机械收割需求；采取现场技术指导及"老带新"等培训作业模式，果树修枝剪型队下设的5个专业小组（其中柑橘3个、梨子1个、李子1个）日作业150余亩。截至2021年5月，重庆至峰服务水稻10余万亩、柑橘20余万亩，覆盖周边100个行政村1 500户农户。

二是引进专业人才，提升服务水平。重庆至峰与西南大学、重庆航空航天职业学院、林禾航空、天之翼等院校企业深度合作，引进相关专业毕业生，聘请科研院所资深专家招募具有多年实践经验的基层农技人员，不断壮大农技服务队伍，年轻技术型专业人才已成为公司的主力军和生力军。

二、创新服务手段，打造核心竞争力

为充分发挥好农机、技术等优势，重庆至峰积极探索农业服务战略转型，打造了完整闭环的产业链条，实现了与供销合作社合作共赢，促进了农业社会化服务提档升级。

一是实现战略转型，打造闭环模式。近年来，重庆至峰由传统农资供应商转向农业产前、产中、产后全程社会化服务商，聚焦提供"产品+服务+解决方案"，通过打造"生产服务+供应服务+销售服务+信息服务+经营决策服务"一体化产业链完整闭环，形成一套成熟可复制的运行模式，推动农业标准化生产技术在农户中落地，实现从农户单一传统生产向专业化、标准化"工场"模式转变。

二是拓展服务领域，提供专业服务。农用植保无人机具有效率高、效果好、安全性高、成本低、适应性广等突出优势，重庆至峰与长寿区供销合作社合作，利用供销系统镇村级全覆盖网点及众多农业技术人员优势，宣传普及农业社会化服务知识、特点及优势，为农业、农村、农民提供个性化服务定制方案与专业化、标准化、集约化、规模化、全产业链农业生产性服务。

三、创新服务形式，提升全方位效能

重庆至峰在生产托管服务中，不断改进服务方式、延伸服务链条、创新服务形式，及时解决种植户的问题，为农户科学种植及节本增收提供保障。

一是设立农技咨询专家热线。聘请资深专职农业技术专家接听市内外农户、业主电话，随时帮助农民解决其农业生产用肥、用药技术难题，节假日不休，年接听热线超5 000人次，成为农民朋友种田的好帮手。

二是免费发放农技服务资料。组织编印数千字的农业技术服务手册，并向服务对象免费发放，有效指导农民用药、用肥，年发放5 000份以上。

三是举办科技服务系列讲座。依托自有专家队伍，广泛开展农户、新型

开展果树病虫害防治培训

经营主体等科技培训，每年组织培训活动100多场次，农民参加1万多人次。

四是深入基层现场开展服务。开展"科技大讲堂"、技术服务、试验示范，技术服务人员每年走村串户服务农民近10 000户次。通过技术宣传和试验示范，让农民意识到科学用药、用肥的优势，避免了盲目打药带来的危害，降低了农户成本，提高了农作物产量，改善了农产品品质，有效保护了耕地资源，促进了农业绿色高质量发展，产生了良好的经济效益、社会效益与生态效益。

四、创新服务机制，打造合作新模式

一是社企共建聚合力。利用供销系统覆盖全区街镇村网点及农业技术服务人员优势，依托基层为农民服务平台功能，宣传普及农业社会化服务知识、特点及优势，有效弥补农业服务企业在农业社会化服务宣传普及、农用物资供应保障以及全程托管服务中存在的不足。

二是信息数据详统计。供销社村级综合服务社在农业社会化服务中起到了"毛细血管"的作用。在服务前期，可有效核实统计村级农作物种植品种、面积、农用地地力等方面的基础数据，有针对性地开展农业社会化服务宣传工作，还可以组织开展农村闲散劳动力及闲置农业机械统计，为企业社合作开展农业社会化服务提供人力、机械储备等资源信息。

三是共服共享谱新篇。在服务中期，基层供销社和村级综合服务社利用农用物资储备，发动农服人员参与日常田间管理和果树生长管护，及时反馈解决出现的问题，保障了农业社会化服务顺利开展。在服务后期，基层供销社和村级综合服务社参与农户对农业社会化服务效果评价、服务质量验收、服务工作总结并提出相应改进建议，同时获得服务收益。

四是乡村振兴添砖瓦。重庆至峰利用自身专业人才与先进管理经验优势，与现有供销系统的人（服务人员）、物（农用物资）、机（农业机械）的优势融合开展农业社会化服务，自有资金主要用于人才培养及农技科研创新，实现了社企优势互补。经测算，企业生产经营成本可下降70%，同时能为基层供销社及村级综合服务社每年增加收益20%。

重庆市捷梁农机股份合作社
菜单托管全链条服务
激发家庭经营新活力

合作社飞播作业

捷梁农机股份合作社位于重庆市梁平区，成立于2016年，注册资金100万，成员187人。现有占地10亩的粮食储存仓库与烘干服务中心，日烘干能力100吨，农机设备110余台套、无人机3架，组建了8支70余人的专业化服务队伍，服务遍及重庆市梁平区、四川省达州市10余个乡镇，5年来累计服务30余万亩。在面向小农户发展水稻托管服务过程中，以优势互补、村社共推、菜单托管、全链服务为核心，形成了专业化分工、标准化生产、科学化管理、产业化经营的托管模式，实现了农户增收、合作社发展、集体经济壮大、产业升级的多方共赢。

一、专业分工优势互补，资源共享提升效率

捷梁农机股份合作社通过整合当地闲置农机成立专业服务队、整合服务主体实现专业化分工协作，大幅提升了农业生产托管服务效率和质量。**一是整合闲置农机稳定服务队伍**。部分农户自购的农机具经常处于闲置状态，合作社吸纳他们带机入社，组成专业的作业团队，统一调度、就近作业，提高农机具的使用率。目前，合作社有专业服务队伍8支，农机人员40余人，作业机具80余台套。2020年作业面积7.6万亩，创造100余个就业岗位，农机手年收入4.2万元。**二是推动优势互补实现服务专业化**。不同的服务主体各有所长、各具优势。捷梁农机股份合作社按照全链条服务的要求，牵头开展服务主体间的分工协作，实现资源共享、共赢发展。如将部分机耕作业交给罗毛农机合作社，把部分飞播作业交给田中秧合作社，自己主要从事擅长的统防统治、烘干、销售等服务。

二、菜单服务自由选择，村社共建协同推进

捷梁农机股份合作社针对不同群体制定不同"菜单"，通过与村集体合作，进行整村整组托管服务，提高服务效益。**一是合作社提供菜单式服务**。主要针对种地劳动力不足、技术缺乏或季节性外出务工的农民，合作社可提供"全程服务+农资"、全程服务、部分环节服务三种菜单供农户选择。**二是村集体组织农户接受服务**。由村集体收集本村愿意参加托管农户的服务需求和面积，再统一交给合作社开展生产服务，村集体从合作社每亩收取20元工作经费。对不愿意自己耕种的农户，在农户自愿的基础上，由村集体统一流转土地经营权后，全程托管给合作社，保证农户的合理收益。目前这种方式已经达到6 000亩以上，涉及8个村。

三、前延后伸拓展链条，托管经营效益最优

捷梁农机股份合作社从供销两端同时发力，积极拓展农资采购、烘干代销、品牌运营等服务，打通了面向产业链、供应链、价值链的服务链条。**一是统供农资降低生产成本**。合作社直接从厂家采购种子、化肥、农药等，比农户从市场购买降低成本约20%。合作社每年采购农资达800万元以上，已是梁平区最大的农资采购商。**二是烘干代销提高收储价格**。合作社为农户提供烘干、代销服务，积极对接中粮储备库，将符合标准的粮食交由储备库统一收储，价格每吨比市场价高出40～50元，每年1万吨指标，为选择托管的6 000余户农户增加收入50万元。**三是品牌运营提升产品价值**。合作社与大米加工企业合作，将超出中粮储备库收储指标的稻谷，统一销售到大米加工厂，合作社注册了"梁山寨"大米品牌，近3年每年销售大米3 000余吨，增值220万元。

通过菜单托管全链条服务，打破了小农户碎片化生产的局面，转变了农业生产方式，发展壮大了村集体经济，促进了农业增效和农民增收，取得

合作社机插秧作业

了明显成效。**一是激发了农户家庭经营活力**。主要生产环节托管后，农户可以从事力所能及的农事劳动，提高家庭经营收益。接受托管的农户水稻亩均增产100千克、节本增效700元以上。与流转土地和农户自种两种方式相比，水稻亩均生产成本分别降低14.7%、20.5%，产量分别增长4%、18.2%，农户收益分别提高60%、31.1%。**二是培育壮大了服务主体**。捷梁农机合作社整合集成了全产业链服务资源，服务能力大幅提升、服务业务不断拓展、服务规模迅速扩大，年经营收入达到800万元以上，同时带动了其他服务主体共同发展、共享收益。**三是促进了村集体经济发展**。"合作社+村集体+农户"的托管经营模式，既打破了小农户分散经营的困局，实现了专业化、标准化、集约化的适度规模经营，又增加了村集体经济收入，增强了村集体发展实力。

四、推进资源整合

搭建智慧服务平台　发展农业循环经济

无人机植保作业

山西省永和县地处黄土高原梁峁残垣沟壑区，是典型的雨养农业，也是原国家扶贫重点县，2019年实现整体脱贫。近年来，县委、县政府把农业生产托管作为提高规模化生产程度、提升农业综合生产能力、保障农民增收的重要抓手，创新服务方式，蹚出"一个平台来监管，两个结合促发展，三个统一保成效，四个环节提质量，五个成效稳增收"的"智慧监管平台+农业生产托管"的永和模式，推动农机"耕"出了新服务，大数据"跑"出了新业态，促进了农业循环经济和现代化发展，助力了乡村振兴。

一、建好"一个平台",精准开展托管

永和县建立了智慧农业生产监管平台,可通过电脑或手机,监测机械作业详细情况,实时查看统计数据,提升了农业生产托管信息化水平。全县已累计完成作业机械GPS定位系统安装200台,作业模块安装478个,并实现与中国农业社会化服务平台对接,进一步提升统计和监管水平。

二、把握"两个结合",提升发展质效

一是与巩固拓展脱贫攻坚成果相结合。在脱贫攻坚巩固期,通过推广农业生产托管,把全县易地移民搬迁农户的耕地以及零散的、不便耕种的、濒临撂荒的耕地纳入生产托管范畴,扩大了播种面积,提升了管理水平,增加了农民收入。实施农业生产托管后,全县增加播种面积1万余亩。

二是与乡村振兴相结合。永和县推行山地、坡地、沟地、狭地宜机化改造,建设了6.7万亩"北方梯田",实现生产、生态、观光一体化发展。主动探索产前、产中、产后全产业链托管实践,集成良种良法配套、农机农艺结合,促进了农业产业高质量发展。

三、坚持"三个统一",规范托管运行

一是补助标准统一。重点支持小农户接受社会化服务,统一服务环节的收费标准补助金额,采取政府购买服务、先服务后补助等方式,严格按照相关文件规定的财政补助标准进行补助。

二是作业标准统一。出台《永和县农业生产托管农机作业质量及标准》,制定统一的工作流程,既便于农机手和植保防护人员操作执行,也便于农户和相关人员监督管理。

三是管理模式统一。依托智慧监管平台,对生产托管服务流程进行统一监督和管理。让广大农户明白消费、清楚收益、放心托管,让农机手方便操作,让相关人员方便监督管理,规范了农业生产托管程序,确保了实施效果。

四、紧抓"四个关键"，保障托管实效

一是协同联动，一盘棋运作。成立县农业生产托管试点项目领导小组，加强统筹协调。成立由农业生产托管服务组织、金融、农担、保险、农资、粮食收贮等主体和机构组成的农业生产托管服务联合会，加强金融、保险对农业生产托管的支持。2021年春季，永和县农商银行推出春耕备耕贷、农机贷，每户授信额度1万～8万元，已授信1 000余户。

二是落实政策，最大化倾斜。项目资金最大限度用于小农户等经营主体，同时兼顾培育和壮大农业社会化服务市场。2020年，永和县财政在中央试点资金425万元的基础上，整合投入资金575万元用于农业生产托管试点工作。

三是严格程序，规范化推进。在遴选服务主体上，实行报名登记、公开评审、严格退出、名录管理等机制。在托管作业上，及时掌握工作动态，总结工作经验及做法，纠正存在的问题及偏差。在指导监督上，规范服务合同，严格资金拨付，保障了托管服务高效推进。

四是调查测评，让群众满意。组成测评小组，通过实地查看、入户走访、调查问卷、电话回访等方式，对生产托管的每一个环节进行调查测评，抽查比例不低于作业户数的5%，及时发现问题、整改问题。抽查情况作为衡量服务组织服务质量水平以及补助发放和是否继续承担项目的依据。

五、实现"五个突破"，助推产业升级

一是形成了高效循环农业。通过秸秆粉碎、深耕、旋耕等机械作业，实现秸秆还田、培肥地力。通过秸秆打捆作业，优质草捆为当地养殖户提供了饲草来源，养殖业产生的有机肥可培肥地力，实现种养有机结合、高效循环。全县养殖户户均增收2 600元，促进了牛、羊等草食牲畜养殖业快速发展。

二是增加了农民收入。实施生产托管的地块，粮食亩均增产33%，户均增收2 000元以上。开展生产托管试点以来，新增转移劳动力1 000多人，人

均增加务工收入2万元以上，其中，新培育农机驾驶员280人，人均增收1万元以上。

三是降低了生产成本。通过农户耕、种、防、收四环节全托管，每亩可节省生产成本200余元。通过连片实施，参加农业生产托管的农机作业户，每亩作业成本（路耗、油耗）可节省2元以上。

四是解决了搬迁群众种地难问题。永和县把易地搬迁群众的耕地优先纳入生产托管试点服务对象，解决了农户生活种地"两头跑"的难题，保障了其"搬得出、稳得住、能致富"。

五是带动了农业现代化发展。全县农业社会化服务主体发展到17个，新购置农机具360台，农机保有总量达1 331台，两年来累计实施农业生产托管服务面积52万亩次，有效推动了农业生产机械化、专业化、规模化、集约化发展。

山西省长治市屯留区人民政府
组建联盟促托管　健全体系强服务

农业生产托管服务中心介绍

山西省长治市屯留区辖10个乡镇街道、209个行政村，耕地72万亩。2017年以来，该区以农业生产托管试点项目为抓手，大力培育服务主体，推动融合发展，组建农业生产托管服务联盟，不断健全农业社会化服务体系，促进了农业生产托管高质量发展。

一、集聚资源，组建农业托管联盟

2018年，依托35个农民合作社、2个农业龙头企业，在全国率先成立县级"农业生产托管服务中心"，分设农田、农技、生防服务组，围绕耕种防收开展服务。2020年5月，成立"农业生产托管服务协会""粮食行业协会"，托管协会围绕产前服务，为会员提供种子化肥等农资统购统销、农机装备提升融资等服务；粮食协会牵头负责产后服务，完成产后粮食收购、储藏、烘干运输、销售等服务，实现粮食不落地收购。"一中心两协会"进一步联合，组建农业生产托管服务联盟，建立起覆盖产前、产中、产后全产业链的农业社会化服务体系。目前全区托管面积达60万亩，服务小农户4.87万户，占到承包经营户的84.5%。

二、汇聚要素，开展专业化服务

托管服务联盟与银行、农担公司签订战略合作协议，创立"联盟+银行+保险"服务模式，向银行推荐客户并出具推荐函，银行统一对客户进行受理、调查、上报审查审批，农担公司批量授信，形成链式批量业务。2021年，邮政储蓄、中国农业银行、中国建设银行、农村商业银行已累计发放贷款2.44亿元，解决了服务主体的"融资难""融资贵"问题。托管服务联盟还与太平洋保险公司山西分公司合作，创新全程托管玉米"成本商业保险"产品，地方财政承担每亩19元的保费，服务主体承担每亩23.5元的保费，享受每亩650千克保底产量的保额；创新高粱全程托管"完全成本保险"产品，服务主体每亩承担30.5元的保费，享受每亩800元的保额，降低了服务主体的经营风险。托管服务联盟建立"农业生产托管大数据管理平台"，将服务主体纳入管理系统进行有效监管，提升了农业生产托管的信息化、规范化水平。

三、激发活力，高质高效健康发展

一是发挥"纵向沟通"政府部门的桥梁作用。托管服务联盟架起了服务主体与政府部门之间的沟通桥梁，既把服务过程中的问题快速传递到政府决策过程之中，同时也把政府决策过程中的信息反馈给会员主体。积极协助政府制定出台《大力支持全区开展农业生产托管的指导意见》《农业生产托管资金管理办法》，区财政累计支持资金3 400余万元。因地制宜推动托管服务从粮食作物玉米向经济作物辣椒生产拓展，服务辣椒面积近5万亩，占全区辣椒总面积的55.6%，撬动近3亿元的社会资本投入托管服务。

二是发挥"横向协调"资源要素的高效作用。托管服务联盟推动了服务主体之间的联合融合，也促进了银行、保险等金融机构与服务主体的深度合作。托管服务联盟组织服务主体在农资统购统销、作业机具统筹调配、农业技术统一标准、粮食销售统一价格等方面开展联合行动，亩均降低成本145元，亩均增产粮食150千克以上，农机作业效率提高了3～5倍，服务主体年均增收7万元。通过联盟搭建金融服务平台，使服务主体获得100万～1 000万元信用贷款额度，贷款利率下降近60%；创新保险产品，实现托管服务主体零风险，促进了协同发展、互利共赢。

三是发挥"自我规范"服务行为的自律作用。面对不同成员之间的利益矛盾和意见分歧，托管服务联盟能够发挥其组织优势自我协商和化解，促进形成自觉、稳定的行业秩序。通过制定《农业生产托管"协会金融保险"管理办法》《农业生产托管办理流程》《农业生产托管服务地方标准》等一系列

屯留区创新作物成本保险

行业制度，保障了农业生产托管服务规范发展。目前，托管服务联盟的"一中心两协会"共有187个会员单位、1 326名成员，其中农民合作社103个、家庭农场6个、专业公司46个、个体经营户32个，实现了农业生产托管服务零投诉，农户服务满意度90%以上。通过行业联盟实行自律规范，有力推动了农业生产托管高质高效健康发展。

吉林省乾溢农业发展专业合作社联合社

"七以" + "四位一体" 托管
搭建黑土地社会化服务平台

农业技术讲解

吉林省乾溢农业发展专业合作社联合社（以下简称联合社）位于松辽平原腹地的全国重要商品粮生产基地——吉林省农安县。2015年，联合社由农安县域内112家农机服务合作社联合成立，现已发展成员合作社221家，拥有农用机具、办公厂区、生产车间及库房建筑等固定资产3 000多万元，是集农业机械化服务、生产资料购销、农业科技信息化服务于一体的新型农业经营主体。联合社不断发展壮大，从最初托管服务255亩土地，发展到现在托管服务3万多农户80万亩耕地。联合社先后被评为国家级示范社、农业农村部"全程机械化＋农事综合服务"先进单位和中国科学院东北地理研究所黑土地保护关键技术集成示范基地。

一、推行"七以"托管模式，满足生产服务需求

联合社具备服务、科技、人才、技术等要素，探索形成了较为完善的"七以"农业生产托管服务模式，联合社、合作社、家庭农场和农户共享资源，共同发展，走出了一条符合当地实际的农业社会化服务道路。

一是以利益为纽带。联合社构建了"联合社＋合作社＋家庭农场＋农户"四位一体的农业社会化服务体系，以村为单位组建由农机作业手、种粮大户为主的家庭农场或小型农民合作社，发挥熟悉农时地理与乡土人情的优势，以家庭农场、小型农民合作社为依托，入股组建乡级股份合作社，各乡镇股份合作社以成员身份加入联合社，形成紧密的利益共同体，进行农业生产托管和土地入股服务。

二是以服务拓市场。联合社根据市场需求和产品实际搭建"八统一"生产服务体系：统一制订生产计划；统一为成员采购供应生产资料，减少生产成本；统一组织制定生产技术规程；统一产品认证，打造产品品牌，提升产品档次和附加值；统一对成员进行产前、产中、产后的服务指导和管理；统一生产加工；统一商标品牌；统一包装销售。农业生产实现了标准化、规范化，市场得到有效开拓，销售网络得以完善，农产品附加值大幅提高，规模化经营快速发展。

三是以科技为支撑。一方面，联合社建立土壤化验室，研究化肥降本减投增效办法，承接农业技术推广部门测土配方施肥任务，推广应用化肥缓释技术和生物有机肥替代技术，实现化肥使用负增长，每亩施肥仅为115～135元，比普通农户自营降低成本50元。另一方面，联合社与中国科学院东北地理研究所合作，创建玉米关键技术集成试验示范基地，推广应用黑土地保护耕作技术，通过14种模式的实验数据对比找到各种模式的优势，有效支撑开展托管服务。

四是以人才为依托。联合社现有大学生农技师10名，常年深入田间地头为成员解决生产中遇到的难题。农耕时节前，组织机手进行培训，开设微信大讲堂，为农民答疑解惑，指导成员社统一作业标准，规范作业流程；定期组织黑土地保护、土地集约与未来农业发展趋势论坛，参加人员遍及东北三省和内蒙古自治区，通过科学普及抓好技术引领。

五是以成效促托管。通过化肥自产自销和生产资料团购等办法，实现成员种子和化肥累计节约成本60～66元/亩。根据各村不同情况，托管收费标准为300～333元/亩，节省的生产资料物化成本的50%直接返还托管农户30～33元/亩。极大调动了农民参与生产托管的积极性，托管规模不断扩大，真正实现了降本增效带农惠农，以服务的规模化促进了生产经营的规模化。

六是以技术强服务。联合社开展玉米籽粒直收、深松整地、高效植保、秸秆捡拾打包和免耕播种等作业服务。根据当地垄距65厘米的特点，采用42～88厘米宽窄行保护性耕作模式，每亩增播玉米400株、增产80千克以

开展田间测产

上。由于免耕地块不动土积温低，亩增施5～7千克有机菌肥做口肥提苗，以增加植物光合作用。苗期采用深松机松到35～40厘米，彻底打破犁底层，实现提温降墒蓄水，同时实施二次追肥，提高化肥利用率。

七是以保险破瓶颈。协助省财政担保公司和省金融控股公司帮助成员和小农户贷款，既解决了托管服务资金不足的问题，又降低了利息成本压力。联合社成立以来，用房产抵押为成员担保贷款7 000多万元，打破成员

社发展资金瓶颈；积极推进与阳光保险公司合作开展土地入股全成本保险试点，政策性保险按280元/亩投保，入股农户仅缴纳保费5.6元/亩，商业保险按600元/亩投保，保费为20元/亩。

二、优化调整种植结构，实现生产节本增效

联合社以服务小农户为原则，不断推广和完善生产托管服务，既实现了农村劳动力转移和种植结构优化调整，又解决了农村老人和无劳动能力贫困户等的土地经营困难，还增加了农民的工资性收入。

一是降低生产成本。联合社通过集中采购农资，采用先进技术，推广集中连片作业，有效降低了农业生产的物化成本和用工成本，使合作社、农户都分享到规模经营带来的收益。据测算，与普通农户分散种植相比，每亩降低生产成本100元以上。

二是增加粮食产量。联合社应用宽窄行保护性耕作、增施有机菌肥提苗、秸秆全量覆盖施肥深松、二次追肥等先进技术，开展标准化生产，每亩增产玉米100千克以上，既提高了粮食品质，又提升了农户经济效益，实现了农业的绿色可持续发展。

三是提高生产效率。通过生产托管和土地入股，提高了土地机械化作业率，在节约成本的同时实现了提质增收，同时解放了劳动力，每亩节约用工成本50元，增加收入300多元，并且就近就地吸纳农村劳动力务工，增加了托管农户的二三产业收入。

山东省济南市济阳区农业农村局

构建"543"联动机制
打造农业生产托管新模式

村集体与农业生产托管公司开展洽谈

2020年以来，山东省济南市济阳区以实施农业生产社会化服务项目为契机，将农业生产托管作为农业农村改革重点事项，积极引导农户转变经营方式，激发生产托管市场活力，增强为民办事效能。目前，全区粮食生产托管面积27万余亩，涉及324个村、66个农业服务组织、1.1万户农户，取得了农民群众、服务组织、村集体多方受益的效果。

一、落实"五个到位"，让小农户"省心托"

一是制度规范到位。制订《农业生产托管服务项目组织实施方案》，坚持重点服务大宗农产品、突出服务小农户、推进服务带动型规模经营等原则，确保项目实施依法依规、有章可循。规范农业生产托管服务工作流程、补贴申报流程，高标准制定小麦、玉米高产高效栽培技术规程，指导托管服务高质量开展。**二是典型宣传到位**。采用群众喜闻乐见的方式，加大政策解读力度，使群众能够懂政策、信政策、用政策。注重典型引路，在仁风镇桑渡管区7个村、垛石镇里仁村先行试点，让托管效果看得见，以群众"口碑"带动试点"扩围"。**三是需求设计到位**。针对"耕、种、浇、防、收"全过程，采用个性化、多样化、定制化相结合的托管方式，实现农户按需"点单"、服务组织灵活"上菜"。**四是补助发放到位**。创新"生产托管服务券"运作模式，服务券分正、副券，正券由农业农村部门留存，作为报销凭证；副券由农户留存，作为核领依据。托管服务结束，通过"村申报、镇审核、区抽查"，符合要求后补助资金直接发放给托管农户，实现资金流向全程监管，确保项目资金专项专用、群众补贴即发即收。**五是保险兜底到位**。创新"保险+期货"等模式，推行小麦完全成本保险、玉米收入保险，实现了粮食作物高额保险全覆盖，全年粮食种植每亩保额达到1 880元。其中，小麦完全成本保险投保率连续三年超过90%；玉米收入保险投保面积达到40.28万亩，成为全省首个整建制玉米收入保险试点区县。

二、实施"四项措施"，让服务组织"用心服"

一是培育壮大服务组织。坚持市场化方向，简化服务组织准入程序，由"六张登记表"简化为"一表申请"。面向社会遴选65个服务组织，建设区级服务组织名录库，完善进入和退出机制，引导服务组织对标先进提升能力。**二是搭建服务供需平台**。建设线上供需对接平台，开发"农业生产托管签约支付平台"App客户端，相关服务事项、交易数据在线上实时显示，群众只需扫码操作，就可购买耕、种、防、收等作业环节，享受"点餐"服务。建设线下托管集市，在镇级设站、村级设点，打造三级生产托管服务平台，解决了供求对接难题。**三是建立全程监督机制。**建立服务组织信用制度和黑名单制度，跟踪服务组织、服务质量，对服务面积弄虚作假、服务质量严重不达标、农民投诉较多的服务组织，一律清退出名录库，取消其五年内承担农业生产社会化服务项目资格。统一设置服务质量投诉电话，畅通服务质量投诉渠道，及时调理化解纠纷。**四是实施服务星级评定。**对名录库内上一年度服务面积500亩以上的服务组织进行星级评定，将服务作业能力、财务管理情况、组织托管服务情况、质量监管机制与群众满意度情况等关键指标纳入评定标准，引入信用评价机制，激励服务组织持续提升管理能力，实现快速健康发展。

三、念好"三字经"，让集体经济组织"全心管"

针对服务组织与农户之间信息不对称、缺乏信任、托管程序烦琐等问题，充分发挥村集体经济组织作用，引导其做好精心服务，构建小农户与现代农业之间的"关键纽带"。**一是架起"信"的桥梁。**村集体负责发动和组

植保无人机机手培训

织农户，通过户主会议、集体经济组织会议和农户确认（"二会一确认"）的程序和方式，对托管内容与服务组织进行选择，让托管进程加速推进。**二是发挥"统"的功能**。按照集中连片的要求和农户的生产需求，由村集体统筹，组织小农户集中接受托管服务，形成规模效应，实现降本增效。**三是强化"督"的效果**。各村成立托管监管小组全程监督，构建起"农户+村两委（村集体经济组织）+服务组织+监管小组"的长效机制。

中化公司湖北省宜昌市分公司
打造现代农业技术服务平台
构建全产业链服务体系

中化农业农机收割作业现场

湖北省宜昌市中化农业以现代农业技术服务平台（以下简称MAP）为核心，构建种植、收储、加工、销售的全产业链经营模式，打造了多方共赢的现代农业服务"生态圈"。中化农业基于在枝江市问安镇构建的全国功能最全、规模最大的MAP技术服务中心，整合枝江市国家粮食储备公司资源，搭建智慧农业平台，形成了完整的水稻产业链服务体系，为当地水稻产业高质量发展提供了全套的技术解决方案和服务支撑。

一、多方协作，创新服务机制

针对农户土地分散，地方农机社会化服务主体覆盖环节不全，规模较小的问题，中化宜昌公司以MAP为载体，分别组织小农户和各类服务主体，促进服务供需双方有效对接。

一是将小农户组成MAP产业联合体。为了高效服务小农户，中化宜昌公司以各村（组）农业产业能手为牵头人，将分散的土地组织起来，按照MAP业务模式开展订单生产，并通过建设合作示范农场，引导小农户按照现代农业方式进行生产。在该模式下，MAP中心为MAP产业联合体提供全程种植解决方案和技术培训指导，MAP产业联合体牵头人享受服务收益，小农户享受生产降本和溢价增效带来的增值收益，实现了牵头人和小农户增收、MAP产业联合体增效、MAP中心稳健运营的共赢，促进了农业生产经营关系的重塑和要素高效配置。截至2020年底，中化宜昌公司共组织MAP产业联合体24个，组织小农户1.8万户以上，服务面积超20万亩。

二是整合农机作业服务主体。为了充分发挥各类服务主体的作用，中化宜昌公司整合农机作业服务主体，尤其是水稻农机作业短板环节的机插秧和飞防，提高服务水平，促进水稻产量和品质稳步提升。2020年，中化宜昌公司在枝江全市范围内组织筛选机插秧服务主体，最终共有121家农机作业服务主体入围，并与中化宜昌公司签订机插秧服务合作协议。签约服务主体严格按照机插秧服务作业标准，累计完成机插秧面积11 490.44亩，平均亩产比人工移栽增产5%左右，降低插秧成本12.5%，实现水稻种植节本增产增效。

二、技术引领，提高服务水平

中化宜昌公司围绕水稻产业发展，通过建设区域性MAP全产业链综合服务中心，逐步推动品种培优、品质提升、品牌打造和标准化生产，通过新技术的推广应用，形成了独具特色的枝江社会化服务模式。

一是建立MAP技术服务中心。中化宜昌公司建设的MPA技术服务中心拥有植保、综合、作物、生物实验室、元素分析室、试剂室、预处理室、光照培养室、盆栽日光温室9个功能板块，通过不断强化种植技术的研发功能，推动技术方案迭代升级。目前累计收集有56个品种用于参加品种筛选试验，已挑选出适宜当地的主推品种2个，累计推广面积达8万亩，为地方带来750万元增收。

二是构建"1+N"试验示范体系。中化宜昌公司在问安万水桥已经建成1个MAP现代农业示范园，总面积1 300余亩，主要用于开展包括品种筛选试验、农机农艺试验、土壤营养试验、植保试验、品质提升试验在内的各项实验和建设高产优质样板田，筛选和储备优质的品种资源，优化种植技术方案，为广大种植户提供先进试用品种和技术。

三、数据驱动，应用智慧农业

中化宜昌公司推出以精准种植和精细管理为核心的现代农场管理平台（MAP智农），通过互联网、物联网、人工智能、大数据、云计算等科技手段，实现农场可视化地块管理和精准管理。基于卫星、无人机等手段进行遥感观测，生成作物长势图，用于分析作物生产状况，以便制定精准的管理措施，提升农场管理的效率；通过精准的气象数据，辅助开展作物田间管理，确保精准有效；结合作物生理，根据温度、降水趋势，预测病虫害的爆发，为农户提供提前预警，提前防治，以减少损失。2020年，中化宜昌公司广泛

中化农业MAP产业联合体签约仪式

动员、指导小农户运用MAP智农，上线水稻种植面积合计超过13万亩。

四、产业链延伸，拓宽服务领域

为了进一步服务小农户，提高水稻种植效益，中化宜昌公司不断拓展、延伸服务领域，通过打造区域稻米品牌，建设包括省内省外、线上线下在内的多形式销售网络和渠道，在打造品牌价值的同时，解决了农户的后顾之忧。

一是打造枝江玛瑙米品牌，提升品牌效应。中化宜昌公司基于区块链溯源体系，利用"熊猫指南"系统，对大米品质进行检测鉴定，让消费者买得放心、吃得健康，有效确保了枝江玛瑙米的品质，为品牌价值提升打下坚实基础。在三峡物流园、城镇各大小区、中心商业街等显著位置，中化宜昌公司通过设立枝江玛瑙米广告，激发消费者欲望，推动品牌腾飞和赋能。同时，积极亮相各类展销展示活动（粮食交易大会、精品粮油展、食品博览会、最美天使捐赠、乡村振兴文化旅游节），让客户对玛瑙米品牌耳熟能详，提升品牌价值，提高水稻效益。

二是建立"省内＋省外"的线上线下结合式销售体系。在省内，中化宜昌公司主动建设物流配送服务网络，与省内大型商超、集团采购、分销市场、配送公司联手合作，为省内各地学校、沃尔玛超市、北山超市等按需按质配送，提高枝江玛瑙米在本地市场的知名度。同时，构建省外"专业批发市场分销网络"，与湖南、武汉、广东等多地的25家销售商签订《批发市场客户特约经销商合同》，并根据订单销售量制订生产加工计划，防止市场供需脱节。此外，中化宜昌公司通过与京东、我买网、武汉百慕达网络超市等电商企业合作，通过电商配送平台以更快的速度、更低的成本、更好的服务把产品送达到千家万户。

广东省化州市人民政府

创建服务协办体系
探索集中连片规模化托管新模式

农业生产托管农机收割现场

化州市位于广东省西南部，总人口180万人，面积2 356平方千米，耕地面积88万亩，是全国产粮大县。但化州市地处丘陵山区，耕地细碎、需求分散，生产托管难度大。2021年初，广东省农业农村厅在全省推进农业生产托管服务协办体系建设，化州市以此为抓手，将生产托管与土地整治、撂荒地复耕等工作相结合，探索多种集中连片生产托管模式，以服务现代化引领农业现代化发展。2021年上半年，完成托管项目任务2万亩，其中推动撂荒地复耕近万亩，服务农户超过15万户，带动托管服务面积20万亩次，其中粮食生产托管服务超过10万亩次。

一、三级协办、建设体系，降低组织交易成本

组织成本高、服务成本高是制约土地细碎、机械化程度低的丘陵山区开展生产托管的最大瓶颈，化州市通过建立托管服务协办体系，降低组织农户和服务交易成本。

一是成立市农业生产托管服务中心。在全市范围内公开遴选有实力的服务主体承接服务中心，开展生产托管政策宣传、服务需求整合、服务资源整合、服务标准建设等工作，推动本地区生产托管服务规模化、专业化、标准化发展。

二是组建镇农业生产托管服务站。指导各镇组建托管服务站，由镇农办主任兼任站长，引导有实力的服务主体协调当地服务资源，为农业生产者提供全链条生产托管服务。同时，培养和管理村级托管员，指导各村开展托管工作。

三是培育村级托管员。引导村组干部、农业生产带头人等担任村级托管员，为农户提供服务供需对接、服务过程监管、服务纠纷调处等工作。同时，还积极引入金融保险、农产品质量监管等服务项目。

四是推广线上服务平台。依托广东省农业农村厅推出的托管助手小程序，实现从服务下单、合同签订、作业监管、作业验收到资金支付的全流程线上化。由托管员协助农民完成线上操作，有效降低了托管组织成本，促进了托管服务的便捷化、规范化。

二、创新模式、创造条件，推动托管规模化发展

一是创新集中连片托管模式。化州市探索了村集体居间服务、经营权入股集中、托管员统一组织三种集中连片托管模式。前两种模式，由村集体组织小农户或农户入股到村集体领办的合作社，再由村集体统一对接服务主体。如那务镇那冰村组织农户将水稻种植交给服务主体全程托管，服务主体

通过保底收益承诺、支付居间服务费等方式调动农户和村集体积极性。托管员组织模式，则由托管员统一组织农户对接托管服务主体，托管员按面积收取提成。如那务镇高华村托管员组织本村农户272户、625.6亩水稻统一接受托管服务，积极做好相关协调工作，获得每亩2元的提成。

二是推进耕地集中整治。由服务主体引进专业力量，将农户地块的"四至"测绘成图，造册登记，逐户确认，打消农户顾虑。村集体统一规划，联合服务主体共同出资开展农田集中整治，推进"小块"变"大块"。如那冰村将18个村组390户773块地减少到182块，单个地块由平均0.8亩扩大为3.4亩，消除了大部分"插花地"，为规模化托管服务创造了有利条件。

三是建设托管示范基地。为展示集中连片规模化托管成效，化州市分区域、分作物重点建设了水稻、蔬菜、沙姜等9个生产托管示范基地，集成展示连片托管带来的专业服务、技术推广、绿色生产、耕地复耕、规模效益等成果，让更多农户看到托管尤其是全程托管的好处。

三、协办体系、规模托管，促进农业转型升级

目前，化州市已初步建成了三级托管协办体系，整合服务主体23家、

农业社会化服务工作推进会观摩现场

农机手286名、乡土专家40多名、托管员510人，在解决"无人种田、种不好田"难题的同时，探索出了丘陵山区实现农业现代化的新路径。

一是提升了托管服务质量和水平。通过协办体系建设，调动了小农户、村集体、生产主体、服务主体等参与农业生产的积极性，形成了多种集中连片托管模式，延伸了服务链条，提高了服务质量和水平。因托管成效明显，那冰村晚稻全程托管面积增加了320亩。

二是探索了撂荒地复耕长效机制。通过实施水稻生产托管服务，2021年推动全市早稻撂荒地复耕8 550亩，晚稻撂荒地复耕超1万亩。农业生产托管已经成为推进撂荒地复耕复种，保障粮食安全的主要经营方式。

三是促进了传统农业转型升级。生产托管导入了先进生产要素，推动了农业生产的专业化、标准化、集约化，实现了节本增效和增产增收。据统计，实施农业生产托管的农作物标准化种植率达80%，亩均降低成本25%～30%，亩增收130多元，村集体年均增收1.5万元。

五、强化项目推动

河北省邯郸市邱县农业农村局
以项目规范化管理为切入点
加快推进农业生产托管

农作物秸秆离田环节作业

　　邱县位于河北省东南部，总面积455平方千米，人口26万人，耕地面积53万亩，以种植棉花、玉米、红薯、文冠果为主，是典型的人少地多的农业县。邱县农户地块小、数量多，采购大型农机不划算，生产成本高，种植效益低。为此，邱县农业农村局以实施中央财政农业生产社会化服务项目为契机，立足为小农户种植作物提供农业生产托管服务，采取"社会化服务组织＋村集体经济合作社"模式开展农业生产托管服务，解决了小农户在农业生产过程中干不好、干不了的关键环节难题。通过项目实施，邱县托管服务发展势头迅猛，目前已有上百家托管服务组织，其中规模化托管组织达到20余家，全县托管服务面积达到11余万亩，为发展适度规模经营、促进小农户与现代农业有机衔接发挥了重要作用。

一、坚持以市场为导向，充分发挥政府作用

邱县农业农村局在实施中央财政农业生产社会化服务项目过程中，坚持以市场为导向，同时积极发挥政府优势，不断扩展农业社会化服务的广度与深度。

一是市场化运作。在项目实施过程中，坚持采用市场化运作方式，无论是参与项目实施、享受补贴的服务组织，还是不参与项目的服务组织，在相同的区域和服务环节，均按市场价格收费。

二是政府促合作。县农业生产社会化服务领导小组办公室充分发挥政府作用，积极联系开展对外合作，扎实推进农业生产托管前后两头延展服务。例如在玉米生产托管上，重点是与周边地区规模养殖场、秸秆收购加工企业合作，促进秸秆回收利用。目前，已与河北君乐宝、内蒙古草都集团、馆陶贵国奶牛养殖场等企业达成合作协议，有效推动农业社会化服务向广度、深度推进。

二、充分发挥农村集体经济合作组织作用

邱县在推进农业社会化服务过程中，让农村集体经济合作组织广泛参与进来，弥补了社会化服务组织在联系小农户、组织人力物力、协调各种关系等方面存在的不足。村集体经济合作组织主要有两种参与方式。

一是直接提供服务。村集体经济合作组织直接担任服务主体，提供托管服务。如孟二庄、程二寨、谷庄等村经济合作社作为服务主体，为本村农户提供农业生产托管服务。

二是开展对接服务。由社会化服务组织来提供托管服务，村集体经济合作组织负责联系本村及周边村农机，组织开展棉花、文冠果茶采摘、红薯分

级分拣的人力投入,安排离田秸秆外运车辆等。村集体经济合作组织与社会化服务组织合作开展农业生产托管服务,可以得到每亩10元的报酬。目前,仅红薯生产托管服务涉及89个村集体经济合作组织,为村集体增收几千元到数万元。

三、积极利用信息化与智能化技术

为解决农业生产托管监管难这一难题,更好地满足小农户、新型经营主体对信息技术服务的需求,邱县在进行生产托管服务过程中积极利用信息化和智能化技术进行管理。

一是启动卫星遥感监测技术。邱县与北京一家公司开展合作,利用卫星遥感影像对农作物进行生长周期的动态监测,并结合样本进行影像数据处理与解译,及时获得农作物的种植结构与面积、长势、产量,为小农户和社会化服务组织进行农业生产精细化管理提供数据支撑与决策依据。同时,利用卫星遥感监测技术可以实现对服务主体的作业作物、面积、地点进行全面动态监管,并及时将作业成果、作业数据与邱县农村土地承包经营权确权登记数据成果相链接,为项目顺利实施、监管、验收提供智能化的数字服务。

秸秆回收打捆作业

二是对空防作业服务进行监管。邱县与深圳市一家科技公司合作，对在全县空域作业的空防无人机进行后台监管，共享社会化服务经验和数据，为实施精准监管提供了有力支撑。

四、创新推进服务质量建设

一是探索推行质量保证金制度。探索推行让服务主体交质量保证金制度，比如服务主体托管玉米10 000亩，其中托管小农户土地7 000亩，托管大户和新型经营主体土地3 000亩，分别交纳每亩补助金额100元的5%和10%的保证金。对圆满完成托管任务，绩效评价良好的及时返还保证金；对完成托管任务有瑕疵，绩效评价差的，按规定列入黑名单，取消一定期限实施农业生产社会化服务项目资格。

二是制定出台托管服务环节标准。邱县结合当地托管服务实际，制定了生产托管关键环节的作业标准。比如棉花统防统治作业起止时间和飞行高度、飞速、药量及药样的标准，红薯起垄覆膜铺管标准，玉米秸秆离田作业机械标准等，不断推进农业生产托管服务标准化。

三是把群众满意度评价作为考核验收重要依据。邱县农业农村局认真组织开展服务组织的服务质量和考核评价，将服务对象的满意度作为衡量服务效果的重要标准。同时，规定"差"评必须有理由或列举具体事例。把群众评价作为考核验收的重要依据，作为改进服务的新起点。

福建省泉州市永春县人民政府
精准牵线搭桥　助推项目落地

无人机飞防作业

　　永春县位于泉州市西北部，面积1 468平方千米，其中山地占72.7％，耕地27.72万亩。2020年，永春县粮食播种面积21.66万亩，水果面积4.9万亩，茶叶面积7.75万亩，蔬菜面积11.77万亩，食用菌产量6.35万吨，干品0.22万吨。2020年，永春县承担农业生产社会化服务项目任务面积1万亩，包括水稻、茶叶、芦柑三种作物，服务小农户921户，由6家服务组织实施。2021年，试点任务面积增加到1.5万亩。永春县在实施项目过程中，通过政府部门和村集体的"搭桥牵线"，使服务组织与小农户由"握手"到"牵手"再到"联姻"，初步探索了丘陵山区发展农业生产托管服务的有效路径。

一、分级落实，细化工作职责

为做好项目实施工作，永春县高度重视并加强领导，健全完善工作机制，细分责任到具体部门，形成了推动农业生产托管发展的合力。县政府分管领导多次召开相关部门负责人、乡镇长参加的专题会议，研究和部署具体工作；农业农村局召开各乡镇分管农业的副镇长、财政所长、农机站长、农业服务中心负责人参加的会议，宣讲政策、明确要求，推动项目落地实施。同时，对村委会负责为服务组织提供的资料特别是作业服务对象、类别及面积等情况的真实性进行核实、公示；乡镇政府负责对承接主体的遴选，对作业服务情况进行核实、公示，监督服务合同的落实，及时协调解决服务过程中出现的矛盾和纠纷；农业农村局、财政局、农机站密切配合，对上报资料严格审核，对项目实施验收评估；财政局按规定及时拨付补助资金，加强对资金使用的指导和项目资金监管。

二、宣传培训，加快托管普及

永春县采取全方位、立体式宣传发动和培训指导，让广大农民、服务组织了解、认识农业生产托管。**一是宣传发动**。永春县利用传统媒体和新兴媒体进行强力推介，让广大农民特别是服务组织熟知项目内容和相关政策，了解资金申请程序和要求，扩大项目的社会知晓率和影响力。**二是业务培训**。组织技术人员对乡镇财政所、农业服务中心、农机站工作人员进行业务培训，确保项目实施不走样。**三是现场指导**。永春县召开全县水稻生产社会化服务现场会，重点解决较为薄弱的机插秧技术问题，推动项目落地和农业生产托管加快发展。

三、规范操作，确保项目绩效

永春县在项目实施过程中严格程序、层层把关、完善手续、杜绝漏洞，实现优质服务。**一是严选服务组织**。认真做好服务组织遴选工作，通过各种渠道向社会公布入选条件，对制度完善、带动能力强的合作社和农机公司等主体实行优先入选，最终确认6家符合条件的服务组织。在作业服务前，服务组织要到乡镇农业服务中心申报，经相关部门共同核实确认后，到农业农村局备案。**二是严把工作程序**。落实承接主体申请—确定承接主体—签订托管合同—登记服务情况—申请补助资金—作业数量核查—补助资金结算等7个步骤。**三是严抓服务合同**。要求服务组织在镇、村指导下，依法依规签订《农业生产社会化服务作业合同》。**四是严格补助申报**。明确承接主体在完成作业服务后的20天内，凭与农户签订的合同，连同《农业生产社会化服务情况表》，到作业所在地政府申报。各乡镇、各村必须对申报的服务组织名称、服务对象名单及联系方式、服务内容、服务地点、作业面积、补助金额、投诉举报方式等内容进行公示，时间不少于5天。

四、严格验收，"双补"发放到位

服务组织完成作业后，县农业农村局及时组织人员进行核实，开展服务对象满意度调查，对服务质量进行跟踪，重点了解农户对服务效果的评价。对农户满意度低的服务组织，明令退出项目候选对象，不得享受财政补助。永春县严格按照上级文件要求，对项目试点补助资金实行专账核算、专款专用，同时创新补助发放形式，确保服务组织和小农户共享共赢。明确财政补助款按不低于60%通过"一卡通"补助给被服务的农户，充分调动了种粮农户接受托管服务的积极性。

通过近3年的实践探索，永春县农业生产社会化服务项目取得了显著的经济效益和社会效益，为破解不流转土地也能规模经营的难题提供了新思路，促进了小农户与现代农业有机衔接，探索了丘陵山区发展农业生产托管的有效路径。**一是有效提高了农业劳动生产率**，参与的农户年增收节支400万元，有5 000名劳动力从土地上转移出来。**二是有效改善了农业生产条件**，节水抗旱、土壤改良、地力培肥以及减轻病虫害、减轻环境污染等方面取得新的成效。**三是**有效减少了土地抛荒，增加粮食播种面积。2021年，通过项目实施，推动撂荒地复耕510亩。**四是**培育了农业社会化服务市场。项目实施后，本地有规模、有实力、有技术的托管服务组织迅速成长起来，推动了农业社会化服务的组织化、规范化、标准化发展。

陕西省渭南市合阳县人民政府
强主体　抓项目　提质量
扎实开展农业生产托管服务

服务组织开展麦田化学除草作业

合阳县地处渭北旱塬东部，农业人口38.6万人，耕地面积112.6万亩，是典型的农业县，也是陕西32个粮食主产县之一。近年来，县委、县政府以实施乡村振兴战略为抓手，以确保粮食安全为重点，围绕"藏粮于地""藏粮于技""藏粮于服"大力推进农业生产托管，不断强化主体培育，狠抓项目落实，提升服务质量，激发托管意愿，有效解决"谁来种地""如何种地"的难题。全县培育各类服务组织100多个，服务农户3.4万户，实施托管面积5万余亩，带动适度规模经营376户6.4万亩，节本增收1 600万元以上。

一、抓组织培育，让服务主体强起来

突出专业服务公司骨干带动，实施农民合作社升级、家庭农场提质、社会化服务组织孵育"三大工程"，多角度、全方位培育服务主体，强化其与农户的联合协作，实现优势互补，解决"谁来服务"问题。**一是做强本土合作社激发动力**。规范现有农机、植保专业合作社，引导其从单一深松作业向全程托管转变。整合服务资源，成立全省首家农业社会化服务联合社，入社农机手158人，日均作业面积3万亩，实现全程作业亩均节本15元，服务水平不断提升。**二是引入外来主体增添活力**。引进中化陕西农业、金丰公社等大型农服企业3家，对接当地服务组织10家。通过行业引领推广良种60余吨，推行MAP先进服务模式，推进托管服务向全产业链延伸。**三是壮大农村集体经济组织提升实力**。为4个村集体经济组织注入资金200余万元，购置服务设备28台（套），成立村集体服务组织2家，开展托管服务近万亩，促进村集体和小农户双增收。

二、抓项目实施，让服务过程实起来

整合农机、植保、合作社、家庭农场、生产托管等项目，着力破解小农户干不了、干不好的共性难题。**一是坚持一个"准"字**。在全省率先制定托管小麦、玉米服务标准，对作业模式、农机选用、时节范围、质量价格等制定8项26条标准化清单，并以合同条款量化细化。统一印制托管服务合同，统一派驻辅导员12名，分村包镇指导合同签订。**二是把握一个"严"字**。推广"公开选定主体、宣传托管政策、签订服务合同、完善服务名录、开展作业服务、作业质量验收、兑付项目资金"的闭环式项目实施流程。组织专人抽查复核项目实施效果，农业农村局随机抽取3%的服务对象进行跟踪督查、暗访问效。**三是贴近一个"农"字**。成立俏妹子农服队，走街串巷发放彩页、解读政策、精算效益、播放农服动漫片，生动展示主体服务能力和项目实施效果。录制乡土气息情景剧，抖音、微信公众号等获赞百万，大大提升了农户对项目的知晓率和参与率。**四是解决一个"钱"字。**财政注资300万元与陕西农业担保公司合作,每年可提供贷款担保6 000万元,目前已担保4 500万元。组织服务对象参加农业保险1.7万亩,财政补贴26万元,最大程度解决托管户的后顾之忧。通过项目示范带动,全县已建成"农技、农机、农资、农咨"四位一体的农服基地,探索出"主体联合、分区实施、全域调度"的社会化服务模式。

三、抓规范管理,让服务质量优起来

着眼农业社会化服务提档升级,利用互联网、大数据、人工智能等信息技术和手段,推动托管服务提质增效。**一是提升农服平台应用效果。**主动联系"惠达科技""农芯科技"等设备厂商,推进动力设备、无人机与中国农服平台共享数据,实现作业轨迹、服务质量全程监测。搭建覆盖村组的县级远程作业调度平台,配合土地确权数据提升全县调度效率。**二是推动智能技术应用。**以智慧生产、物联网、云计算、大数据为技术支撑,将5G技术、北斗导航、遥感卫星协同应用到项目实施中,为托管示范基地配备测虫灯、

开展"三夏"联合作业

孢子仪、墒情仪等防控监测设施设备，通过数据分析和可视化展示指导农业生产，有效提高作业效率。**三是发挥专家"智囊团"作用。**由西北农林科技大学100余名专家教授组成助力团，全力提供技术支撑，推广小麦"一优二改双控"栽培技术18万亩，助力农业社会化服务高质量发展。

宁夏回族自治区中卫市沙坡头区农业农村局
数字化助推托管项目精准高效规范实施

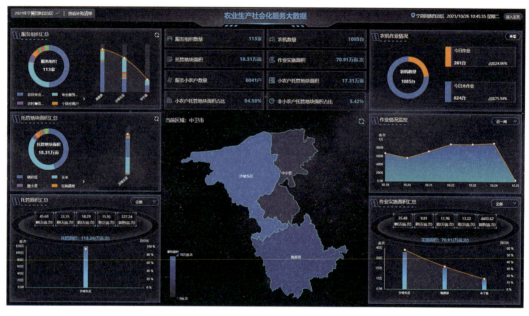

农业生产社会化服务大数据平台

沙坡头区位于宁夏中西部，辖11个乡镇162个行政村，耕地面积110.3万亩。2020年沙坡头区农业生产社会化服务项目涉及9个乡镇，102个行政村，27家服务组织，1.9万户小农户，完成任务面积13.84万亩次。依托"沙坡头区农业生产社会化服务平台"实现了项目实施全程线上化，有效保障了服务的真实性、高效率。

一、多级协同监管，确保项目规范实施

一是创新管理模式，及时协调解决问题。建立"农业农村主管部门+第

三方监管＋乡镇＋村＋实施主体＋小农户"的六级托管服务管理模式，成立沙坡头区农业生产社会化服务项目工作领导小组，负责解决托管服务过程中农民协调难、土地集中难、服务分散且效率低等问题。通过数据分析和农户反馈意见，对服务面积、服务质量、服务态度等情况进行跟踪日报，及时督促服务组织改进服务。

二是广泛宣传引导，提高农户和服务组织积极性。利用农民群众喜闻乐见的小视频、一封信等宣传方式，让农业生产托管服务普及到每家每户。面对面讲政策，手把手教操作，广泛发动服务对象通过"沙坡头区农业生产社会化服务平台"对服务过程进行全面评价和意见反馈。

三是规范托管流程，避免项目实施出现偏差。对农业生产托管服务分作物、分环节制定和完善服务标准，对服务组织提交的实施方案进行严格审查和批复，要求参与项目实施的服务组织与农户签订统一规范的服务合同，明确服务地块、服务面积、服务内容、服务价格等内容。

二、信息全面公开，方便农户监督选择

通过"沙坡头区农业生产社会化服务平台"可以进行托管服务计划的上报及实施方案的在线公开。服务组织在线申报托管服务，线上展示服务能力、服务环节、服务标准，进行公开遴选，建立服务组织名录库并将项目服务组织全部纳入中国农业社会化服务平台进行规范管理。以服务组织为单位，建立起农机手、农机具的标准化数据库，通过对农机手信息、任务分配信息、农机具的型号、类型、作业幅宽等数据的分析，对服务组织的服务能力、服务质量进行在线核查和透明化监督。农户可以根据服务组织展示的各类信息，结合自身种植作物需求，自主选择服务组织。

三、线上对接服务，还原真实托管场景

农户足不出户即可通过手机与服务组织完成线上托管、网签托管合同、

标记托管地块、建立托管任务目标，实现了线上下单、线下服务。每台作业农机和植保无人机安装了智能监管硬件，服务组织按照连片地块统一进行规模化作业，"沙坡头区农业生产社会化服务平台"自动汇集耕、种、防、收全环节的作业轨迹信息、作业面积信息、作业过程照片等，建立线上作业信息数据库，还可去除道路轨迹计算有效面积，实时在线还原真实的托管场景、真实的作业过程，并支持农户在线评价服务质量。

四、数据快速汇总，在线分析高效便捷

项目验收阶段，以服务组织为单位，"沙坡头区农业生产社会化服务平台"在线自动生成项目验收材料包，对托管服务的备案管理数据、网签合同数据、作业过程数据以及申请补贴提交的数据质量进行项目数据统计和质量检测，并通过线上工具实现县、乡、村三级内业和外业监督验收，为实施高效、高标准、高质量的社会化服务工作提供多环节数据分析，使得补贴发放有理有据，回溯可查。

农业生产托管监管和服务智能化平台作业地图

五、多重数据对比，挖掘数据应用价值

通过空间数据叠加分析，将监测到的托管服务轨迹与土地权属数据进行比对，形成监测轨迹明细表，为农业生产托管服务项目补贴发放提供决策依据。同时，依靠大数据和算法，深度挖掘数据应用价值，计算农机作业空跑率，进行监测轨迹中非确权地占比分析、监测轨迹与流转地块对比分析、托管地块与确权数据对比分析，还可进行整村托管的可行性分析和土地非粮化、非农化分析，推进撂荒地利用，为农业生产精细化管理提供数据支撑。

六、助推产业发展

河北省赵县光辉农机服务专业合作社
提质增效搞托管　融合发展促共赢

小麦病虫害喷药防控

光辉农机服务合作社位于河北省赵县赵州镇南姚家庄村，现有各类农机具150多台套，固定资产1 300多万元。针对种植比较效益低、农户不愿种地的实际情况，合作社通过农机与农艺共融、新技术引进与创新以及农产品品牌塑造，开展高标准生产托管服务，实现了设备管理信息化、田间作业智能化、农业经营产业化、农业服务品牌化，探索出一套适合当地实际的社会化服务模式，促进了小农户与现代农业有机衔接，实现了一二三产业融合发展。

一、农机农艺共融，精准施肥作业

合作社在托管服务中全力打造"两张图、一车间、一台机"，实现了农机精准变量施肥。"**两张图**"分别为"长势图"和"处方图"。"长势图"是运用无人机搭载多光谱传感器，航拍遥感小麦长势进行数据处理，获取小麦长势图。"处方图"是运用赵县土肥站测土配方技术实践，根据作物产量目标，分析不同地块和区域对肥料需求的差异，计算生成变量施肥处方图。"**一车间**"是建设智能配肥车间，使用智能配肥机实现肥料按需定制。"**一台机**"是集成北斗卫星导航和无线传感技术，打造高效精准施肥作业机，对托管地块"对症下药"，实现精准施肥，还能对农产品质量"追根溯源"，实行一户一码，通过手机扫码获取施肥相关信息。目前，合作社每季配肥大约800吨，满足了2万多亩托管地块的肥料需求。

二、全程多管齐下，节本提质增效

合作社在托管服务中注重新技术的引进与创新，推广应用了"小麦秸秆覆盖＋玉米高速精播＋对行淋灌节水灌溉""玉米籽粒收获＋低温烘干""玉米全生长期植保施药"等技术模式，总结出一年两熟区小麦玉米全程机械化解决方案，为托管服务开展奠定了坚实的技术基础，实现了优种优收，小麦亩产提高105.5千克，玉米亩产提高163千克。在引进推广先进技术的同时，通过批量采购化肥、种子、农药等农资，亩均降低生产成本5%～10%，节省100～200元。对接加工企业开展订单生产，如与敦煌种业签订的原种麦种订单，每千克比普通小麦高出1.8元左右，年纯利润200万元以上；玉米专供饲料厂，每千克多卖0.4元。2020年，全社服务作业面积覆盖赵州镇南姚家庄、停住头，北白尚等10多个村庄，直接服务农户800多户，面积5万多亩，其中规模化托管面积达到1.2万亩，纯利润300多万元。

三、收储经营共推，延伸服务链条

合作社积极顺应农户托管需要，在产中规模化作业基础上，向产后农产品收储、精深加工等环节拓展。2017年，建设一座可容纳500万千克的粮库，当年为800多农户存储粮食300多万千克，每千克粮食增收0.1～0.16元。

无人农业机械收割作业

2018年，注册河北千亩苑粮食贸易有限公司，成立"粮食银行"。通过开展粮食收储和经营，有效改变了农民一家一户储粮管理不便、耗损大、市场谈判处劣势的不利局面。老百姓在收获粮食后，可存储到粮食银行或按国家保护价出售给粮食银行，每年增收300余万元。

四、质量品牌并重，树立优质形象

为了扩大影响，合作社在特色产品、优质服务、人才培养等方面注重品牌建设，全力打造"冀兴隆"品牌。2019年，新上石磨生产线，将自产高优小麦采取古法石磨工艺低温研磨，最大程度保留了小麦的营养，且麦香味浓郁，冠以"冀兴隆"商标，一袋5千克，至少卖80元，成为商超和院校抢手货。树立"服务于农民群众、让农民群众满意"的宗旨，提供农资供应、技术规程、田间管理、保价回收、加工销售"五统一"服务，塑造了优质托管服务品牌。积极从大专院校引进不同专业的人才，提升管理水平和服务品质，为合作社未来发展壮大打下坚实基础。

江西省昌久世纪病虫害飞机防控有限公司
创新农业服务模式
助力农业生产现代化

晚稻机械化种植现场观摩

江西省昌久世纪病虫害飞机防控有限公司（以下简称昌久世纪）成立于2015年，其前身为九江市昌久世纪植保专业合作社。昌久世纪将水稻农业服务细分为产前农资（看田查虫、精准开方、植保技术输出）与种子销售板块、产中农业社会化服务板块和产后粮食订单板块，三大板块相辅相成，破解了小农户"打药难、卖粮难、抗风险能力弱"等问题。目前，昌久世纪拥有办公场所、培训教室、维修车间、药械仓库、运转车辆等固定资产1610万元，托管服务农户8万余户，服务面积达36万余亩。2018年被评为省级优秀合作社，同年成为"京东农业智慧共同体"成员单位，2019年被中国农业技术推广协会评为"全国统防统治星级服务组织"，2020年入选国家农民合作社示范社。

一、享科技智引领，建平台显身手

昌久世纪引入云智慧管理平台，利用物联网、移动互联网、云计算、大数据等先进信息技术，持续改造、变革、创新传统农事服务运营管理模式。以无人机植保运营为切入点，建立现代农事服务全程数字化运营管理平台。以"远程监控、远程评估、作业许可、智能化调度、智能化平台结算"为手段，以8基地9分社布局为依托，实现了现代农业植保专业化服务全省布局和调度。2020年公司植保无人机全省调度310余架次，飞防作业235万亩次，为优秀飞手提供"1车+2人+2机"年收入20万元创业平台。

二、建队伍铺网络，优服务覆赣北

2015年，昌久世纪陆续在九江县、湖口县、彭泽县、永修县、都昌县、宜春袁州区、吉安新干县、景德镇浮梁县、乐平市成立9家分社，形成以九江为核心的赣北无人机飞防服务网络，组建了包括建档飞手、放心飞手、培养飞手和应急飞手等380余名的建制化飞防队伍，日作业能力超过2万亩。制定了"飞手培训标准、看田查虫标准、技术开方标准、飞手作业标准、作业管理标准"五大飞防标准，形成了"人、机、剂、技、法"五位一体服务体系，落实了"飞手选拔、平台监控、协调督促、投诉回访、用户评级"五大管理机制，通过云智能管理平台在线实施调度监管，构建了应对当地突发性病虫害防控体系，做到"能下地、能服务、服务优"。

三、强合作建基地，做试验治虫害

2018年，针对稻农缺乏植保技术、田间管理粗放等问题，昌久世纪和南昌作悦农业科技合作，在余干、恒湖农场建立稗草高抗试验基地，在塘南建立二化螟高抗试验基地，在南城建立稻瘟病高抗试验基地，开展水稻二化螟、稻纵卷叶螟、稻飞虱、稻瘟病、纹枯病、稻曲病、水稻蓟马等试验。2020年，在南丰、吉安、赣州合作共建3个试验基地，开展柑橘红蜘蛛、木虱、溃疡病、树脂病等试验；在南昌扬子洲共建蔬菜试验基地，从事茄果类、草莓等作物靶标病虫害防治试验。2020年，布局建成解决常见病虫草害五大问题的8个实验基地，形成有地方特色的"全程技术托管"整体服务方案，实现了全省不同区域、不同地块和不同作物种植管理的科学开方和精准施药，通过全过程的种植科学管理帮助农户科学种植、增产增效。

四、手把手领着干，虾稻共养助增产

为提高土地附加值，2018年在新干县的1 300亩流转土地上建立虾稻共养基地，引入成熟种养技术，当年出产小龙虾75千克/亩，虾稻田水稻和小龙虾合计产出利润达1 000元/亩，是种植传统水稻的2.5倍。新干县虾稻共养基地建成后，带动周边6个合作社150余户加入虾稻共养项目，虾稻共养面积达到1.5万亩；发起成立了虾稻养殖协会，除满足本地市场外，还销往

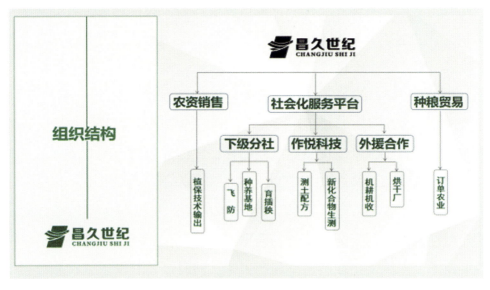

公司业务板块示意图

上海、广州等地。同时，昌久世纪为养殖户提供免费培训，手把手指导小龙虾养殖技术，做到"服务到家、服务到户"。

五、求探索补短板，弱环节求突破

昌久世纪围绕水稻种植生产过程中的最薄弱环节，即育秧和插秧进行积极探索，建设5 000平方米的育秧中心和2个50亩的炼苗基地，购进2条自动化育秧机组、16台乘坐式插秧机，单季育秧能力达10 000亩，全年育秧服务面积达4.5万亩，有效规避了"倒春寒、寒露风"天气对水稻生产的影响。

六、重联合聚优势，全托管受益多

昌久世纪以8个基地、9个分社为中心，整合周边150公里以内的农机合作社和烘干厂，向其输出服务标准和订单，大大提升了联合社的服务能力和服务半径，实现农机跨区作业，提高了农机和人员的利用率，解决了水稻生产经营过程中农户和部分新型农业经营主体无力承担或无法独立完成的服务事项；整合省内知名大米加工企业（益海嘉里、金龙鱼、江西粮油金佳谷物等），采取订单种植，与托管户签订协议，承诺每年收入分成不低于300元/亩，并购买水稻灾害和商业保险；采用种植计划、农技培训、农资配送、集中育秧、病虫害防治、机械化作业、收储加工、销售、财务结算的"九统一"模式，对水稻生产过程进行全方位服务。

经过5年发展，2020年全托管服务涵盖12个乡镇、24个村，面积达8万亩，收购稻谷3万吨。一方面，昌久世纪通过自身种子资源优势，托管地块全面推广适应性强、米质优良的水稻品种，广泛应用测土配方施肥、飞防和育秧技术，水稻每亩增产50千克以上，优质品率平均提高5%～10%，吸纳了200多家服务站、400多名农机师加入农业生产托管服务。另一方面，通过推广精准施药、测土配方施肥、病虫害飞机防控、工厂化育秧、稻田综合种养等技术，提高了土地利用率和产出率。同时，还获得了"农业社会化服务数据采集和分析系统""病虫害数据查询系统"等8个软文专利。

山东省沂源县西里镇人民政府
发展农业生产托管　助推山地果业振兴

果业技术托管成效观摩会

西里镇位于山东省淄博市沂源县最南端，是"沂源红"苹果新品种发源地。全镇耕地面积5.04万亩，主要以发展"沂源红"苹果、中华寿桃等新鲜果品为主。近年来，小农户与大市场对接过程中的问题逐渐凸显，"三老化一酸化"、优质果率低、投入成本高、果品科技含量低、统一管理难度大等问题制约着西里镇果业经济的可持续发展。为了解决这些问题，西里镇积极发展果业生产托管，自2020年开始，以"楷模之乡绿色红泉"乡村振兴片区为核心，对刘庄等管区40个村约20 000亩果园，采用"联合社+合作社+农户"模式，把分散的"一家一户"小农户和新型经营主体联合起来，实行统肥统药、群防群治、广渠广销，将20 000亩果园建设成为绿色优质果品基地，并积极运作"沂源红"苹果发源地金字招牌，把农民创新创业、富民惠民的好产业做大做强。

一、强化一个领导核心，解决"谁来统筹"问题

农村富不富，关键看支部。打通基层党支部的"经脉气血"是凝聚村集体力量的核心。**一是转变传统生产观念。**充分发挥党员干部的"头羊效应"，广泛发动群众摒弃不合时宜的种植习惯，让农民切实了解农业生产托管在促进果品产业发展方面的优势和效益。**二是加快新队伍建设步伐。**镇级层面抽调专人，成立生产托管工作专班，协同农综办将主要精力集中到片区农业技术指导上。**三是创新服务模式。**将村级事务管理模式运用于联合社、合作社规范化建设，大力推行"党员分类积分＋网格化"管理模式，做到建设标准化、管理一体化、督查常态化。

二、组建两个专门团队，解决"种销困难"问题

只有实现苹果标准化种植、产业化营销，才能从源头"对症下药"彻底解决卖果难问题。**一是打造专业技术体系队伍。**西里镇与省果树所等高校院所展开"产学研"合作，邀请以陈学森为领军人物的8位省内知名专家学者担任西里镇林果产业顾问，为果农和合作社开展集中培训，受益农户达15 000余人。**二是建立专门营销队伍。**积极对外拓展"红""高""电"销售渠道，做好红色文章，建设高端果品生产基地，依托京东、淘宝、微商等电商平台，实现线上线下同步交易，以订单农业扩大高端市场份额，果品价格提升40%以上。

三、完善三个运行架构，解决"单打独斗"问题

"一人不为众，独木不成林"。西里镇通过完善"三个架构"，"组团作战"跑出果业生产托管"加速度"。**一是打造组织闭环。**由镇政府引导多个合作社成立"红冠"农产品专业合作社联社，建立"联合社＋合作社＋农户"

模式，为农户等经营主体提供形式多样、内容丰富的生产服务。**二是规范运行体系**。采取"统一种植、统一管理、统一采购、统一技术、统一品牌、统一销售"的"六统一"组织管理，形成"五位一体"标准化模式，提高果农的组织化程度。**三是塑造成熟模式**。在不改变土地权属、树体权属、管理权属以及果品所有处置权的情况下，对果园改造、品种更新、技术保障、劳力使用、农资供应等实施全方位托管，同时对托管果园的苹果采用集中保底收购、议价、协商收购等多种收购方式，有效促进了果品的标准化和规模化生产。

四、把握四个突出重点，解决"质量不高"问题

强化配套设施是促进果品产业高质量发展的制胜法宝。西里镇从四个重点方面着手，不断提高果品产业发展质量。**一是规模化果园示范引导**。在"楷模之乡"乡村振兴核心片区，打造1 000亩示范园区，通过样板引路建设40个300～600亩的生产基地，将生产托管模式实实在在的成果展示人前，让果农"眼红、心热、手动"，吸引更多果农积极参与。**二是统一技术标准规程**。聘请专业技术团队，根据片区土壤成分检测、历史病虫害、区域天气等基础数据分析，确定贯穿年度生产周期的技术操作流程套餐。**三是建立质**

果树技术全托管模式推广

量安全体系。进一步加强生产和流通环节追溯体系衔接，逐步建立"从田间到餐桌"的全过程可追溯体系。同时加快"三品一标"认证工作，生产标准化绿色有机果品。**四是配套水肥一体化设施。**通过申请政府补贴、吸纳社会资本等方式积极筹措资金，为开展生产托管的果园免费实施水肥一体化改造，实现精准给肥、精准给水、精准给药。

西里镇多措并举，科学谋划，精准发力，通过建立全新的果树生产托管服务新机制，趟出一条山地果业振兴的新路，真正把"沂源红"苹果的优势转化为乡村振兴胜势。

一是提高了果农的抗风险能力。实施生产托管服务后，西里镇按照"一户一策"原则对施肥、打药、锄草、修剪等果农"干不了、干不成、干不好"的生产环节实施托管服务，进一步降低用工成本；对疏花疏果、套袋卸袋、采摘入库等工序，按照"统一管理，统一操作，统一风险"的"三统一模式"，根据每年不同时期物候条件给予生产指导，在节本增效的同时显著提升了果农的抗风险能力。

二是提高了果品质量安全等级。通过生产托管，西里镇统一了果品质量安全标准，对果品生产过程中种植、采收、贮藏、运输、销售等流程进行数据分析，通过专业技术指导突破了果品质量控制关键点，建立了完善的果品质量追溯管理制度，不仅提高了果业综合生产能力，还增强了全镇果品市场核心竞争力。

三是实现了山地果业的规模化发展。得益于生产托管模式，打破了一家一户生产方式的限制，使得各方资源和力量汇聚投入，先进生产技术得到快速转化运用，山地果业实现了规模化、标准化生产。果树生产托管带动了果品产业上下游生产要素聚集，实现了资源共建共享，农业社会化服务体系不断完善，推进了现代化农业设施与技术的广泛应用。生产托管模式不仅为果品产业提档升级插上了腾飞的翅膀，也让小农户参与到产业链中切切实实分享收益。

甘肃省正宁县遍地金中药材种植农民专业合作社
专注高原药材生产托管
构建现代农业生产体系

农机覆膜作业

　　甘肃省正宁县位于黄土高原腹地，属大陆性季风气候，年降水量600毫米，其特殊土质有利于柴胡、丹参、黄芪等中药材生长，中药材种植历史悠久。针对近年来药材市场价格波动较大，药材质量缺乏统一的标准，农户分散种植难以适应市场需求等问题，正宁县委、县政府因势利导，支持发展正宁县遍地金中药材种植农民专业合作社（以下简称遍地金合作社），充分发挥其技术力量、物资供应、销售渠道等方面的优势，整合各生产要素，开展中药材全生产链托管，发展正宁县特色中药材产业，初步形成了"共建体系、灵活托管、优化服务、全程监管"的中药材生产托管模式。目前，遍地金合作社累计托管土地超6 000亩、服务药农1 630户，带动正宁县中药材种植逐步从原来的"小产地"成为"主产区"。

一、整合资源，组建社会化服务联合体

在正宁县农业农村局组织下，由遍地金合作社牵头，将县内从事中药材产业的龙头企业、农民合作社、家庭农场、种植大户、经销商等主体联合起来，组建"正宁县中药材产业社会化服务联合体"。联合体充分发挥协调功能，统一规划正宁县中药材产业发展，提升药材产品质量，建立价格保障机制，全面整合优势资源，深入促进交流合作。积极与西北农林科技大学等院校展开技术合作，制定正宁县柴胡、丹参、黄芪、大黄等生产技术标准，对药农加强技术指导和生产培训，对外出售坚持一个标准，杜绝质量参差不齐，以免影响正宁药材信誉和价格，从根本上保障了正宁中药材质量。

二、灵活托管，满足农户个性化需求

遍地金合作社根据药农不同需求，提供全托、半托两种灵活的托管服务方式。"全托"主要针对无能力种地又不想出租土地的农民，由合作社统一供种、统一耕种、统一施肥、统一田间管理、统一收获，农户坐等收药卖钱；"半托"主要针对种地劳动力少、技术不足的农民，由合作社负责"耕、种、收"等主要作业环节，农户自己负责田间管理。托管收获的药材直接作价交由合作社收购，经初加工后统一销售。灵活的托管方式在满足农民需求的同时，促进了正宁县生产托管服务的顺利开展。

三、全程监管，保障服务质量

正宁县农业农村局与遍地金合作社签订了生产托管项目财政补助协议，明确合作社服务范围、服务期限、补助标准及验收程序等，从根

本上保障了托管服务质量。按照要求，合作社与药农签订定期托管服务合同，明确托管环节、标准、价格、服务费收取等，利用标准的服务合同明确合作社和农户间的权责关系。在生产托管服务结束后，合作社及时向县农业农村局报送由合作社和药农共同签字认可的服务确认单。县农业农村局采取与财政等部门联合检查的方式，以托管服务合同、服务确认单为依据，采取现场检查、入户走访、电话访问等方式，对服务作业面积、服务质量及农户满意情况进行监管和验收，确保项目实施到位。

四、优化服务，助推农业节本增效

在生产托管服务发展的基础上，遍地金合作社多措并举，提高合作社软硬件实力，提升服务质量；统一物资供应和机械作业，实现中药种植节本增效；开拓销售市场，解决药农后顾之忧。

一是提升软硬件实力。遍地金合作社组建了"四支队伍"（机械作业队、物资保障队、技术指导队、销售服务队），夯实合作社服务基础。拥有可统一调度的农业机械19台、运输车辆7台，其中双力1804轮式拖拉机2台、起药机2台、除草机3台、旋耕机2台、四轮车2台、大小三轮车4台、客运小车1辆。现有生产物资专职采购员4人，与12家农药、化肥、种子等物资生产与销售企业、门市建立了长期供货关系；病虫害防治人员30人，具有合作关系的农技专家9人；专（兼）职销售人员26人。为了保障中药材品质，合作社多方筹措资金，建成标准化气调库一座，占地面积1 600平方米；中药材初加工车间一处，占地面积30亩，有力保障了中药材产品的品质。

二是统一物资供应，降低物化成本。合作社直接对接农药、化肥、种子等生产厂家，向社员统一供应农资，减少农资流通的中间环节，有效降低农资成本10%左右。

三是统一调度作业，提高生产效率。合作社为服务队伍统一提供规范的操作技能培训，分区域按周期开展生产作业，降低成本，提高服务质量。

四是积极开拓市场，扩大产品销路。经过多年积累，合作社与天津中新药业、四川杨子江、桂林欧润药业、陕西华恒晟生物有限公司、甘强药业及正宁县普天医药有限公司等药企建立了长期稳定的供货关系，产品远销四川、陕西、安徽等地。

七、金融保险助力

中国太平洋财产保险股份有限公司山西分公司

聚焦农险　创新驱动
助力农业生产托管高质量发展

玉米商业保险签约现场

近年来，山西省农业生产托管加快推进，服务规模经营快速发展，服务主体对创新型保险产品需求更加迫切，对农业风险保障水平、服务效率、服务质量要求更高。中国太平洋财产保险股份有限公司山西分公司从山西实际出发，结合农业生产托管的保险需求，创新产品和服务，强化科技支撑，打造综合金融服务新方案，为山西省推进农业生产托管高质量发展提供了有力支撑。

一、产品创新，完善专属保险服务方案

与农户家庭经营相比，农业生产托管服务面临的风险范围更加广泛，涉及自然风险、市场风险、融资风险、纠纷矛盾等多重风险。2019年以来，该公司因地制宜制定专属金融保险服务方案，满足各类服务主体的风险保障需求。在临汾市翼城县将小麦收入保险分为旱地和水浇地，将玉米收入保险细分为春玉米和夏玉米，设置不同保险金额和费率，并将全程托管小麦保额由400元提高到864元，实现了从成本保障向收入保障的提升。创新玉米"成本商业保险"产品，为长治市屯留区全程托管粮食作物减免50%的保费，地方财政承担每亩19元的保费，服务主体承担每亩23.5元的保费，享受每亩650千克保底产量的保额；创新高粱"完全成本保险"产品，服务主体每亩承担30.5元的保费，享受每亩800元的保额，确保服务主体托管零风险。近年来累计承保面积8万亩左右，有效推动了山西省"保险+托管"试点工作的顺利开展。

二、科技创新，探索发展数字农险模式

信息化是加强风险管控的有效手段。为动态掌握参保方农业生产经营情况，提升理赔效率，公司联合中国农业科学院，运用遥感测绘、大数据、云计算等新技术，推出了数字农险移动运营体系——太保e农险。2020年，又研发了线上投保工具"太保农险AI承保"，实现了全流程自助投保和理赔。疫情期间，应用卫星遥感技术及无人机实地查勘，通过影像数据和地面调查数据识别出冬小麦的种植分布，有效缩短了承保验标工作时间，实现了疫情期间服务24小时不中断，保障了农业生产托管试点项目的有序推进，为山西省农业生产托管发展提供了稳定的保险保障。

三、服务创新，破解农险进村入户瓶颈

优质服务是保险行业的关键核心。近年来，为不断创优服务，公司积

极筹措资金1 544万元，按照"十个一"标准，即一块牌子、一个固定办公服务场所、一位专职站长、一批协保员、一套培训管理制度、一套业务台账、一套服务标准、一个农险信息发布栏、一套信息化办公设备和一个资料柜，在长治市屯留区农业生产托管联盟、临汾市翼城县王庄乡农业生产托管服务中心、大同市浑源县恒兴农业发展公司等县、乡镇、服务主体中，建立386个"保险"服务站，把保险融入农业生产托管服务的重要内容，依托服务主体逐步解决了农业保险进村入户"缺人少脚"的难题，做到了承保到户、定损到户、理赔到户，综合服务能力和管理水平得到大幅度提升。

四、融合创新，打造综合金融服务新方案

融合发展是互利共赢的必由之路。近年来，公司不断加大与农业担保、银行等金融机构的合作力度，推进农业保险与信贷、担保等金融工具联动。通过共享客户渠道、共建信用评价机制、共谋综合金融服务，形成了"政府+托管服务主体+农户+保险+担保+银行"的新型六位一体农村综合金融服务模式，有效满足了农业生产托管全流程的金融服务需求。同

农业生产托管小麦收入保险总结大会

时，通过农业保险的增信功能，实现了保险由单一的风险保障到保单增信，提高了农户和服务主体信用等级，有效缓解了"贷款难、贷款贵"的问题。目前，翼城、屯留等地的服务主体通过保单增信，累计获得贷款1 400余万元。

中国建设银行黑龙江省分行
融入金融力量
打造生产托管"龙江新模式"

黑龙江省数字农业综合服务体系建设战略合作签约仪式

　　近年来，建设银行黑龙江省分行在农业农村部金融支农服务创新试点项目支持下，积极配合地方政府探索农业生产新模式，持续推动金融创新，建成"黑龙江省农业金融服务平台"，着力解决"三农"领域融资难、融资贵、融资慢的问题。该行在兰西县成功探索了"生产托管+农村金融+农业保险+粮食银行"的新型支农模式，帮助农民"托"出效益，助力政府及服务组织"管"出质量。

一、依托金融科技，帮助农民进入农业生产托管快车道

通过农业金融服务平台，线上展示托管服务组织基本情况、服务面积、服务标准、服务价格等信息。农户可扫脸实名登录，自主选择托管服务组织，"随时、随地、随需"获得24小时在线签约、支付托管费、验收评价等服务。借助金融科技手段，农户使用建设银行手机银行App，仅输入身份证号，即可查询待缴费托管订单，足不出户线上缴费；如遇资金困难，还可在线向建行申请低息、快捷的"托管贷"，解决资金之急，为农户自主对接托管服务组织提供了便捷通道，获得了农户好评。新华每日电讯等媒体以《土地找"管家"线上保春耕》等为题，多次进行宣传报道。

二、整合农业大数据，创新金融产品支持农业生产托管

在农户、新型经营主体、生产托管服务组织授权下，该行通过调取农业、政务、金融数据，向相关涉农主体提供多品类线上信贷产品，贷款时间由从前的几天，甚至几十天，缩短到如今的线上几分钟，金融服务质量和效率大幅提升，有力支持了农业生产托管发展。截至2021年6月末，该行累计在生产托管领域投放贷款11.2亿元，贷款利率低至4.5%，惠及9 800多个农户、160余个新型农业经营主体和托管服务组织；带动金融同业在一些县域将贷款8%的平均年利率，降到了6%左右。**一方面**，对农户、新型农业经营主体发放"农户信用快贷、抵押快贷、担保快贷、托管贷"和"地押云贷、农信云贷"等线上贷款产品。该行以农业大数据增信为切入点，创新推出6款随借随还、按日计息的线上信贷产品。其中："托管贷"产品还支持农户在签订托管服务合同后，在线上直接向建设银行申请贷款，实现专款专用、定向支付托管服务费，特别保障了资金困难农户的托管需求。**另一方面**，对托管服务组织研发专属线上信贷产品，拓展扩围金融服务。该行基于土地确权信息、经营权流转信息、托管信息、农业补贴信息、农业生产信息及粮食销售信息等涉农数据，为托管服务组织创新专属信贷产品"托管云贷－小微

版、托管云贷－集体版"，解决了放贷时间长的问题，为服务组织提前订购化肥等生产资料、组织生产提供快捷的资金支持。

三、联断点抓管理，支持农业生产托管健康有序发展

借助农业金融服务平台联结管理断点，发挥金融科技作用，协助政府探索完善生产托管的规范化管理模式。**一方面，**为托管服务组织提供电子化管理手段。服务组织可借助平台实现电子合同、订单、人员、收支、农机等信息化管理，实现信息发布、线上签约等无纸化办公，提升效率，规范服务。**另一方面，**为政府监督服务运营、加强管理提供服务。该行为托管服务组织开通监管账户，服务组织通过平台提交用款申请，经政府监管部门授权后，方可使用账户内的资金，满足政府对服务组织资金使用的监管需求，切实保障托管农户的权益，有效解决了农户与服务组织之间的互信问题。

此外，为解决托管服务组织卖粮的后顾之忧，该行还与黑龙江省农投集团深入合作，建设投产"粮食银行交易平台"，在粮食收储、粮食销售环节，实现了收粮信息线上发布、服务组织线上预约优选服务，帮助服务组织实现"好粮卖好价"。

向农户介绍农业金融服务平台手机端操作

附　录

全国农业社会化服务典型名单

一、带动小农户发展

1. 创新全程托管模式　带动村民共同致富

——吉林省榆树市大川机械种植专业合作社

2. 探索农业生产托管新模式　引领山区小农户迈向现代大农业

——安徽省黟县有农优质粮油生产联合体

3. 以技术托管为依托　带动农户开展芒果标准化生产

——海南省雷丰芒果农民专业合作社

4. "村社合作"开展菜单式服务　引领丘区农户发展现代农业

——四川省井研县老农民水稻种植专业合作社

5. "菜单式＋包干式"托管　化解山区种粮难题

——贵州省黎平县农业农村局

二、发挥村集体组织优势

6. 创新生产托管模式　发挥村集体"统"的功能

——安徽省凤台县人民政府

7. 村集体托管服务小农户　规模种粮有了"村保姆"

——山东省荣成市农业农村局

8. 优势互补　精准服务　整村菜单托管助力小农户发展

——四川省成都市蒲江县人民政府

9. 发挥组织优势　推进整村托管　探索农业社会化服务新路径

——甘肃省景泰县上沙沃镇大桥村

三、创新服务机制

10.三方联动构建山坡地杂粮　全产业链服务体系

——内蒙古自治区林西县荣盛达种植农民专业合作社

11.全链条服务　全要素导入　打造现代农业生产服务商

——黑龙江省讷谟尔农业发展有限公司

12.发挥三大优势　创新服务机制　争当农业社会化服务排头兵

——河南省农吉农业服务有限公司

13.打造全产业链闭环综合服务解决方案

——重庆市至峰农业科技有限公司

14.菜单托管　全链条服务　激发家庭经营新活力

——重庆市捷梁农机股份合作社

四、推进资源整合

15.搭建智慧服务平台　发展农业循环经济

——山西省永和县人民政府

16.组建联盟促托管　健全体系强服务

——山西省长治市屯留区人民政府

17."七以"＋"四位一体"托管　搭建黑土地社会化服务平台

——吉林省乾溢农业发展专业合作社联合社

18.构建"543"联动机制　打造农业生产托管新模式

——山东省济南市济阳区农业农村局

19.打造现代农业技术服务平台　构建全产业链服务体系

——中化公司湖北省宜昌市分公司

20.创建服务协办体系　探索集中连片规模化托管新模式

——广东省化州市人民政府

五、强化项目推动

21.以项目规范化管理为切入点　加快推进农业生产托管

——河北省邯郸市邱县农业农村局